世界城市规划思想与实践史丛书 | 曹康主编

规划理论传统的国际化释读

The Planning Theory Tradition：An International Account

（英）琼·希利尔　帕齐·希利　著

曹康　刘昭　孙飞扬　潘教正　译

曹康　校审

U0252840

东南大学出版社
SOUTHEAST UNIVERSITY PRESS

南京·2017

内容提要

本书详述了一个多世纪以来西方规划理论的发展,在内容组织上创新地采用了历时性框架和主题框架相结合的编排方式。理论的发展过程被分为互有重叠的三个时期(即三个部分),每个时期又各自分为三个并行的主题(即三个核心章)。作者以其扎实的研究功底,全面梳理了浩瀚的国际规划理论文献当中最有影响力的成果,体现了作者对规划理论演进的理解——如何对发展进行"断代"、每个阶段的主流思想是什么、对这些思想有哪些批判、对当时的未来趋势如何把握。本书是较为客观、视角较为国际化的理论总结,集中反映了作者对规划理论发展事业的释读。

本书可供城市规划与城市设计人员研究,亦可供城市地理人员及相关专业师生参考。

图书在版编目(CIP)数据

规划理论传统的国际化释读/(英)琼·希利尔(Jean Hillier),(英)帕齐·希利(Patsy Healey)著;曹康等译. — 南京:东南大学出版社,2017.10

(世界城市规划思想与实践史丛书/曹康主编)

ISBN 978 - 7 - 5641 - 7376 - 0

Ⅰ.①规⋯　Ⅱ.①琼⋯　②帕⋯　③曹⋯　Ⅲ.①城市规化—城市史—研究—世界　Ⅳ.①TU984

中国版本图书馆 CIP 数据核字(2017)第 194861 号

Adapted and translated by permission of the Publishers from Critical Essays in Planning Theory eds. Jean Hillier and Patsy Healey (Farnham: Ashgate, 2008), as follows: Volume 1, pp. ix - xxvii; pp. 3-7; pp. 169-174; pp. 299-305; Volume 2, pp. ix - xiv; pp. 3-10; pp. 205-213; pp. 355-363; Volume 3, pp. xi - xiv; pp. 3-10; pp. 237-243; pp. 405 - 412. Copyright © 2008.

书　　名:规划理论传统的国际化释读	
著　　者:(英)琼·希利尔　帕齐·希利	译者:曹康　刘昭　孙飞扬　潘教正
责任编辑:孙惠玉　徐步政	邮箱:894456253@qq.com
出版发行:东南大学出版社	社址:南京市四牌楼 2 号(210096)
网　　址:http://www.seupress.com	
出 版 人:江建中	
印　　刷:南京新世纪联盟印务有限公司	排版:南京布克文化发展有限公司
开　　本:787mm×1092mm　1/16	印张:11.5　字数:158千
版 印 次:2017 年 10 月第 1 版　　2017 年 10 月第 1 次印刷	
书　　号:ISBN 978 - 7 - 5641 - 7376 - 0	定价:49.00 元
经　　销:全国各地新华书店	发行热线:025 - 83790519　83791830

前言

(英)琼·希利尔　帕齐·希利

　　我们为中国读者编写本书的目的是为了描绘规划理论世界的广大疆域和丰富多彩,同时我们也希望通过精选出重要且具有深远影响的文章,来回顾这个世界中所发生的重要思辨。本书在材料组织方面大体遵循时间逻辑,并分为三个部分,每一部分又包含了导言以及三条理论探讨线索。最后一部分主要关注近期,旨在使读者对当前给予规划以启发的思想有所了解,而也正是这些思想让人们明了那些探讨规划的本质、目的和惯例的想法日后会如何发展。在"导言:规划理论发展概览"中我们按照自己的理解对理论的发展做了回顾,这不是一份各种理论发展的回顾,而是对那些不断在整个理论探讨中重复出现的议题的回顾。在本书中,身为作者的我们已经尽可能地弱化我们本人的理论立场。相反,我们的目的是将我们称之为"规划理论对话"这一事物不同发展时期的立场和思辨展现给读者。

　　本书是对我们编纂的《规划理论中的批判文集》(三卷)[2008 年由英国阿什盖特(Ashgate)出版社出版]之内容的回顾和总览。这三卷共计 1 600 页,是英文版。当然,我们无法将其以中文形式完全出版,这一方面是因为它太"厚",另一方面是因为版权问题。在本书中,我们只能对规划思想的发展演变做一个扼要的介绍和导引。我们将《规划理论中的批判文集》(三卷)中每一卷的导言(含各卷总导言与各章导言)放入本书中,并加入了对我们认为是每一卷最重要文献的回顾与总结。

　　我们希望这些回顾能让读者对多年以来加入"规划理论对话"的各种声音有一个了解,并鼓励读者进一步阅读我们回顾过的那些文献。我们承认所回顾的这些思想基本上全部来自西方世界,当然我们在每一部分的导言当中也尽力使这些思想与中国的情况、中国的读者相联系。我们十分赞赏中国的哲学传统,它具有悠久的历史且与西—北半球的那些体系极为不同,因而中国也有自己的规划思想传统。我们希望本书能够在各种国际规划思想流派之间引发富有成效的探讨和思辨。

在撰写本书的过程中，我们非常感谢东南大学出版社的徐步政和孙惠玉编辑，在他们的帮助下本书才得以在东南大学出版社出版。我们也要感谢刘昭、孙飞扬和潘教正为本书做的原始翻译工作。我们更要感谢曹康，是她帮助我们联系本书在东南大学出版社进行出版的各项事宜，并负责了本书的部分翻译和全书的校勘工作。出于中西语境的差异和部分词汇的独特性，对于曹康来说，这是一份艰巨的工作。此外，我们还要感谢之前在阿什盖特出版社工作的瓦珥·罗斯所给予我们的关于本书原版版权方面的帮助。

我们感谢为本书原版《规划理论中的批判文集》在选择文献和撰写各部分导言中提出了建议和评论的人，他们的帮助极大地提高了我们文献选取和导言撰写的质量，当然，各种疏漏与不足之处都由我们负责。给予我们建议的人包括：希瑟·坎贝尔、安琪莉可·钱德帕拉姆、迈克尔·贡德、查尔斯·霍克、贝丝·摩尔·米尔罗伊、尼拉杰·维尔马和瓦妮莎·沃森。此外，有些人对个别章节提出了非常有帮助的意见，我们将在各章节中单独向这些人致谢。我们还要向伯尼·威廉姆森致谢，他帮助我们整理了《规划理论中的批判文集》的最终材料。

目录

前言

第一部分　规划事业的基础

第1章　导言:规划理论发展概览

> 强大的理论将我们重新导向那些本来可能会被忽略的,或者那些已在思想意识或方法上被转移注意力的问题和议题上。
>
> ——约翰·弗雷斯特(Forester,1993)[1-2]

规划业界人士或与规划打交道的人一如既往地谈论着将"理论"和"实际"联系起来的挑战,或者提一些与影响规划思想和规则发展的概念相关的问题。然而,尽管有学者对规划思辨近年来发展进行了有影响的综述,但仍然不是很容易就能够读到那些综述所引用的文献,或是将那些文献与规划思想的发展联系起来。规划思辨在各种规划专业中的模式都不相同。并不是所有的专业都包括必需的规划理论模块,也不是所有对规划领域感兴趣的人都在规划专业下学习过。因此,就算是那些受过正规规划教育的人,也并不一定就知道规划理论内部的思辨。本章呈现的是作者本人对理论发展的概览,但并非对不同发展线索的回顾,而是概述那些不断在规划领域里重复出现的议题。

• 作为一种思想领域的规划理论

"规划理论"这个领域的核心,是对思想和概念感兴趣的人之间的辩论和"对话"(Rorty,1980),这些思想和概念能够且(或)应当影响规划实践活动。该领域作为一个受到认可的学术焦点出现于20世纪中期,这是就当时出现的一些相互引用的文章的意义而言(Friedmann,1987;Reade,1987)。在此之前,规划"理论"是作为一种认为社会和城市应该且可能会是什么样的提议而存在的,而且它是作为政治纲领或职业实践的一部分而得到发展,并没有通过充分论证的学术思辨。有些人声称规划实践的不断失败是源于缺乏足够的理论化(Reade,1987)。其他人则将"规划理论"理解为一种通用的实践模型或是一套如何实施规划的规则,或者是某种线性过程——规划理论在这个过程中先是被学者明确,然后再被用于实践。然而,人们如何设想并思辨规划思想与这些思想的各种实践形式之间的关系一直都是复杂且相互影响的。对规划的本质、目的和实践进行思辨是规划理论领域的核心,它更像一种基于哲学的活动,其中加入了有关社会、城市、区域与场所本质的一些概念,以及政府为了塑造未来应当做些什么、如何去做的一些设想。

在这些思辨中,使该领域关注点变得明确的两个研究方向一直处于辩证的张力之下。其中一个方向考虑的是理论的实质内容,另一个方向则关注规划如何成为一种过程。这个"实质"方向研究的内容很多,包括社会组织,城市、区域和场所的发展,社会和城市某些特殊品质的提升,有时三者全都研究。而"过程"方向下也有各种研究内容,从专门的职前技术管理到更为宽泛的对智力与协商研究团体的促进都有。规划领域在进行批判性思辨时,时不时会声称这个方向比那个更重要,或者一种研究关注点比另一种更关键。但是这种偏激的思辨通常会导致讨论退回到一些论证上去,如内容与过程的相互作用、场所动态及其品质与管治动态之间的相互作用等。

另外一个方向同样会引发领域内热烈而持续的讨论。对于许多人而言,规划是一项改善社会和城市状况的实践事业。在这种观点下,规划理论与实践完全是关于社会和城市应当怎样的规范议程。但是其他人却批评这种社会承诺,因为它是一种单纯的理想主义,可能会造成危险的后果。持这些批评观的人转而认为,需要将更多的关注放在社会与城市发展的动态背景上来,找出规划活动在这些动态中的合适位置,并预测这些活动有可能产生的效果。这些规范性承诺和规划理论思辨的分析性重点之间的关系再一次变得复杂,许多参与者都看出了两者的重要性。

有好几位学者绘制了规划理论领域演化的年表。学者们关于上述方向所持有的立场构建了这些年表本身。因为在19世纪的工业化之下全球进行着大规模城市化，城市与区域物质规划思想的发展也异常活跃。20世纪上半叶，出现了有关规划社会和恰当的管治过程的思想，这是由于为复杂城市化社会而进行的管治活动，其复杂性已经变得越来越明显。这些年表本身也说明了在涉及上述研究方向时，年表的作者们怎样对自身进行定位。在第2章我们回顾了20世纪下半叶发展起来的规划理论领域的重要"地图"。在第3章，我们回顾了20世纪早期所形成的重要思想。

最初，与其他知识"学科"一样，那些提倡或从事某项活动的规划者们汲取着各种灵感之源——从乌托邦到对具体情况的分析、从意识形态到城市发展与管理的实践都有。然而到了20世纪中叶，好几支理论思辨的脉络开始相互交织，并在思想网络中形成了各种"节点"，如某些大学的院系或通过学术会议编纂的会议论文集和学术期刊。20世纪40年代，芝加哥大学是一个关键节点，在那里，利用了美国"新政"下社会和区域发展计划的社会管理思想与"管理科学"的设想及其在公共与私人管理方面的应用发生了碰撞（Friedmann，1973）（参见第4章）。这些思想受到了凯恩斯式设想的强烈影响，后者与欧洲发展"福利国家"的战略类似，认为国家的职责是为民主社会下发展混合的资本主义经济创造条件。在这个设想中，规划被视为一种国家、区域和城市的关键机制，一种表达未来发展轨迹的机制。后来，这种方法被地理学家大卫·哈维（Harvey，1989）定性为"管理主义"。

不过，这个关注点的发展几乎与另外两支有关规划本质与作用的思辨脉络无关，有时还与它们相左。这两支中的一支与芝加哥学派的观点类似，但其根源主要是欧洲的社会主义政治学和分析。它建立在对资本主义社会批判的基础上，认为该社会的根基是资本主义企业对劳工阶级的剥削关系。这一设想是基于马克思、恩格斯及其他人对19世纪和20世纪初欧洲不人道的工业生产状况的有力分析发展起来的。这支脉络的政治力量来自于不断重复的经济萧条使人们的生活愈加艰难和岌岌可危的实际情况。凯恩斯提倡管理市场以减少危机发生的可能性，并提倡发展福利事业以防止人们因"市场失效"而遭受苦难；而社会主义议程与凯恩斯的思想不同，提倡用国有经济取代资本主义经济。规划这个想法作为一种机制而得到发展，在这种机制下，资源在国家活动之间或其范围内得到分配，并与发展目标相关。"经过规划的社会"的合法性则来自一种假设，即"国家""是"人民的因而会处处"为"人民，而"市场"则不会。尽管我们现在在对国家的政治和实践会如何颠覆这一思想已经有了更多的了解，但它仍然是20世纪中叶对"混合"经济国家（将"国家"与"市场"进程以某种方式结合起来）实际发展方式（参见第6章）持批评态度的那些作者们的重要思想源之一。

另外一支脉络其核心是"建造城市"的实践，是城市物质实体的发展。这一支脉络的节点位于建筑师、工程师和测量员的网络上，他们在国际化的基础上彼此交换想法、技术和经验。20世纪早期各大帝国所提供的机会是这种交换得以进行的原因之一，另一部分原因则在于世界上很多地方的工业化导致了快速城市化，也带来了已被专业人士和活动家察觉出来的特殊挑战。在这些思辨中逐渐出现了关于干净的、健康的、美观的宜居城市的思想，用以对抗"梦魇般的城市"（Hall，1988）——污染、贫穷和无法控制的政治机构——就像不少著作中描写的那种涌现而出的城市综合体。城市建造者的职业网络不断发展壮大，掀起了规划版的"现代"运动，并且发表了国际现代建筑协会（CIAM）宣言（《雅典宪章》）（Gold，1997）①。但总会有挑战这些思辨的备选方案，它们关注的是人们实际上如何生活、如何迁居，这些研究涵盖了从无政府主义对小尺度自控社区的探索到新城管理的具体思路（Hall，1988；Ward，1994；2002）。"国家"和"市场"的相对价值这类问题在这些理论思辨中则不是那么重要，它们通常以决定论式的方式来关注实体环境与人们如何以及怎样生活之间的关系。

有关社会发展形态及其与城市发展之间关系的思辨古已有

① CIAM，即 Congrès International d'Architecture Moderne，创建于1928年，是在建筑和规划领域倡导现代运动的一支主要力量。

之。欧洲文艺复兴与启蒙运动时期对古代希腊与罗马"经典"文化的全面复兴,使得20世纪早期规划思想的倡议者能够在历史当中寻找灵感②。但是20世纪规划思想的发展与历史有所不同,一是因为科学、技术和工业创新的规模如此之大,不仅改变了经济运行,也改变了城市发展的方式;二是因为这种发展造成了人口和财富在数量上的飙升和在空间上的大规模迁移;三是因为整个世界都在稳步地发生从农村到城市社会的转变③。在快速变化的条件下,20世纪上半叶人们一直在谋求施加秩序以及稳定的力量,无论是社会发展的还是城市发展的规划思想都与这样的20世纪密切相关。

因而,与规划实践一样,规划思想与概念的思辨并不是一群敬业的学者闭门造车造出来的,虽然有时候似乎是这样。相反,"规划理论"的研讨是置身于主流思想的大潮中进行的,并与生活经验、政治事业和特定习惯相联系。规划思想和概念的这种"置身性"其本身就是规划理论家思辨的一个重要议题,近年来更是如此。规划师一旦考虑到"外部"世界的乱流,并向政治领袖建议如何更好地迈步向前以创造未来,则他们更像是处于未来会从中显现的那些流程之中(参见下文,及第三部分中的章节)。此外,规划思想和经验的日益国际化,也使得大家更为敏锐地发现背景文脉的特殊性会影响解读的方式——解读规划、解读它如何实践、解读它过去和未来的作用。

规划理论思辨的"置身性"意识,是在其他思想领域的探索中受其影响而产生的。撰写规划思辨文稿的作者们已经在从经济学、政治科学、管理学、地理学、社会学、人类学、哲学和人文学科,以及建筑学、工程学、运筹学和系统科学等领域的思想中汲取灵感。其结果是,规划理论领域虽然自身仍然具有"学科对话"的性质,但它在灵感、指涉以及论证方式方面是多学科的。比这种多学科性更甚者,是规划理论领域已经向20世纪中叶以来横扫社会科学的思潮和政治运动敞开大门,这包括20世纪60年代的系统思想、20世纪70年代的解构主义政治经济学、20世纪八九十年代的后现代主义及其他冠以"后"的思想、20世纪90

② 在希腊"城邦"中,关于城市、社会和政治的思想被统合到一个综合概念中,至少是对于自由的男性而言!这一点反映在英语的词语族中,即政体、政治、政策和"城邦"。
③ 据报道,2007年50%的世界人口已经居住在城市地域当中。

年代的"文化转向"和后结构主义,以及2000年后对"复杂性"的兴趣。规划理论领域的这种敞开性在"解读"规划理论文献方面形成了巨大的挑战,因为作者们很少腾出笔墨去充分解释他们的思想和词汇是如何从这些"思潮"中得来的,而且还存在各种各样的时滞效应,即一群作者的基本思想被后来另外一群作者重新发现,并赋予了不同的意义和色彩。语汇极少有固定的含义,而且仍然需要继续放置在作者进行创作的"思想世界"当中。但是这个世界有太多的"孔隙"、太开放,这样致使规划理论变得有容乃大,能够在具体的实践活动中对规划的多元维度保持敏感。

孔隙性和包容性在当前来讲格外重要,因为规划概念和思辨正在世界范围内广为流传。这使得诸如城市与社会如何发展、好的管治由什么构成等理念在特定的制度背景和思想传统下落地时,其接受度有多大变得更加重要。虽然自19世纪起,世界上很多地方的实践经验(主要与帝国主义国家在殖民地的实践活动有关)被纳入到规划思想和规划理论当中(Al-Sayyad,1992;Driver,1992;Gunder,1967;Legg,2007;Perera,2002a;2005;Rabinow,1989;Healey and Upton,2010),但从起源和构成上来说,这些经验主要还是西方的(Ward,2002;Sanyal et al,2012)。西方世界在政治与政府上存在父权式、中产阶级式的传统,在此传统中对社会的管理被视为受过良好教育的男性的特权(Perera,2002b)。近年来,西方民主已经致力于克服自身传统的局限性,这反倒凸显了规划思想中的一些偏见。这种偏见通过让妇女、底层阶级、被边缘化的种族和少数民族群体难以在公共事务和学术研究中发声,使得很多对规划思想的潜在贡献变得无法看到。

这些转变,反映出许多西方国家对公共政策和规划理论思辨的关注度在过去20年中得到了加强,它们将那些被边缘化的声音从背景拉到前台来。反过来,20世纪中叶时在美国发展起来的概念——多元化利益集团的社会——已经发展为有关多元性与多样性的更为复杂的概念。大家已经更能接受以多种方式观察和理解世界,这是一种文化多元主义,它提供了识别紧张和冲突的可能性。这不仅仅是某一政体当中各个群体在分配资源和机遇上的冲突,更是关于场所性质和政体的种种观念之间的冲突。这样就抛出了一些问题,比如什么会被视为有效的"知识"、规划活动合法性判断的依据是什么。认识到文化的多样性,这不仅对当前政治科学和公共政策领域的讨论产生了巨大影响(Benhabib,1992;Connolly,2005;Young,1990),也对规划领域影响甚大,它格外关注日常生活的共享空间中多元共存现象涉及哪些内容(Healey,2006[1997];Hillier,2006;Sandercock,2003)。因此,政治学当中的"大主题"——谁拥有对谁的权利、权利和义务如何分配、政府如何确立合法地位、谁的"声音"算数——需要在城市场所管理的实践中、在战略制定过程中、在规划领域当中被重新审视。

- **规划理论与"规划思想"**

规划理论思辨的跨度极大,从对城市住宅小区的微观式管理,到人像什么这种哲学问题(我们的主观性和身份)、什么样的以及谁的论证更"合法"以及我们如何在集体/政体中生活(我们和"他人"的联系、我们如何识别"他人")都有。在规划思想的发展中,把这些问题组织到一起的是一个承诺,即要集中研究理论和实践的关系。那些从事实践活动的人声称要将规划视为一种"活动",他们被要求对这项活动的本质是什么且应当是什么进行明确和证明。发展活动本质思想的人被要求考虑"规划活动的实施"这种观点所造成的影响。对此,我们将在下文当中予以讨论,它是规划理论思辨当中的一个主要议题。

建立理论和实践之间相互联系的承诺一直在受到挑战,这其中有两个原因:其一,"理论"研究者和"从业者"之间的鸿沟通常大到无法弥合,在部分理论学者转向从社会科学和人文学科而来的更为抽象的问题时这种倾向更明显,且双方都被指责说是对对方的关注太少。其二,"规划活动"由什么构成这个问题本身就很含糊,其焦点也不停地在变化。它是社会发展的规划,还是任何公共政策计划的发展和形成,抑或是对场所、城市和区域的规划?无论其焦点是什么,规划"思想"要做出的贡献是什么?这是否在于政府采纳的方法——一般意义而言的好的管治,或更具体一点,开放的、透明的、政策驱动的政府的流程理念?或者,考虑到社会公平或社会凝聚、环境品质和可持续性、经济活力和"竞争性"的话,在于其推动的社会价值④?还是说,规划思想的核心在于这些价值观如何整合起来?在这些价值观本身都被边缘化的地方推动规划思想,会发生什么?那时,"作为一种行动的规划"如何和应该怎样进行?规划行业是否有特定的"工具和技术"能够引领规划思想向前发展,去挑战对规划思想的价值观漠不关心的实践,而不管思想的具体内容是什么?一项"规划"是这样的工具吗——评价和评估技术是吗?还是说,规划的核心在于对特定过程的应用,无论这个过程是一套理性决策步骤还是某种交互的协作过程?开发这些工具、技术和过程的合法性又从哪里来?

这些截然不同的问题正是规划理论领域经久不息的思辨的对象,也是本部分各章节所要描绘的对象。如何回答这些问题、结论如何得出,这与提出者的学科背景有关,因为每个人都有不同的词汇和参照理论。但原本要散开的理论又经由"对场所的管治"这一考量而重新凝聚起来,或者如弗里德曼(Friedmann,1987)所说,是对社会(无论是小的社区还是大的国家级和跨国级政体)发展的引领将它们凝聚起来。因而,对长期以来形成的人类状况与存在着人类与非人关系与力量的广阔世界进行的"改良"(无论怎样理解这种改良),促使要进行实践的规划思想尝试着去管理社会发展。

置身于 21 世纪,规划理论家和历史学家所给出的规划思想发展史通常会强调理解上的主要转变。在认识到管治过程和转型举措的复杂局面之后,以综合的方式在国家所有层面对社会发展都进行规划的雄心,也让位于仅仅想要对正在出现的城市与区域动态以及场所品质进行塑造的愿望。曾经有这样的观念,即"规划师"是某种值得信赖的技术专家且与大众有很大不

④ 2000 年后,许多对规划实践的分析都把重点放在主流"新自由主义"意识形态和其他政治讨论之间的斗争上,前者强调提升"经济竞争力",后者更关注于社会公平和/或环境可持续性。

同,能够周密地制订方案和规划,并将不加约束的不公正的市场过程下的一团乱麻变得"有序化"。现在这样的观点第一次让位于另一种看法,即规划还不如说是"引导的手"或某种具有矫正作用的"调控"机制。后来,这种观念又让位于新的设想,有关如何识别、"塑造"并管理非线性的、无法预期的且正在出现的过程。"规划实践"——作为行动的规划——已经从一种经由正式建构的行政结构和具有合法权威、可强制执行的规划和标准推动的政府活动,转变为由各种相互影响的群体进行的活跃实践:规划师不断面对复杂的价值输送判断,这包括听取谁的话、运用什么样的知识、充任什么样的角色、如何在具体情况下扮演角色,等等。我们将这些转变写入本书,并揭示出它们如何与广泛的思想与政治思辨相联系。

现在,我们通过更为细致地了解某些反复出现的相互交叠的主题(也是本书涵盖的主题),来撰写所有章节都将涉及的思辨和问题的导言。某些思辨已经介绍过,大部分思辨与更广泛的理论思辨相关,但已经以某种特定形式在规划领域内得到发展。不过,这些思辨可以洞察推进规划思想的含义、作为行动的规划的含义、作为"一名规划师"和进行"规划工作"所包含的复杂的伦理和实施困境的含义。

• 反复出现的主题

(1) 理论与实践

规划领域对人类知识最重要的贡献之一就是它一直在处理理论与实践之间的相互关系。从某种层面来说,这种相互关系非常特殊。进行设计和调控重大开发项目的从业者为了声明做那样的设计或规划那种综合设施是为了"公益",或者是为了"公众利益"需要开发商的各种支持,他们可能会寻求一些原理来支持他们的做法。他们的声明行为衍生出一些关于"公众""公益""利益"以及这些是对谁而言的问题。这导致规划理论加入到法律和哲学的思辨当中。规划理论学者可能还会加入到其他批判性思辨中,譬如为何开发项目实践那样进行,并导致了那样的声明？设计开发项目采用某种"协商"方法的理由是什么？是否能够设想其他实践？那些实践会是怎样，对谁会有何种影响？

那么，"规划理论"是为了什么？可以将其比拟为行动的"模板"、实践原理和标准的先天来源。或者，可以视其为某种关于好的规划过程或经过精心设计的城市的抽象理念，或是评价凌乱现状的一个基础。上述抽象原理曾招致严厉的批评，称其未能与产生社会和城市实际变化的社会力量相关联，因而在推进具体议程方面过于轻率（参见第6章、第7章和第8章）。这种批评意见希望引起大家关注社会群体如何利用规划理论来证明具体方案是正当的。规划作为理性过程（参见第4章）和协作过程（参见第10章）的想法都是通过这种方式运用的。

另外一种不同的观点将规划理论的作用牢牢地置于实践的挑战中。查尔斯·霍克（Hoch，2007）[279]总结了实用主义的理论，认为"规划理论……是一种实践理性，而非某种模板或基本原理"。弗雷斯特（Forester，1989）认为规划师从理论中寻求帮助以拓展他们对特定情况的理解。他们尤其会学习其他从业者如何将实践"理论化"。这表明理论既可以源自实践，也可以是实践的资源⑤。这种方式，将"规划理论"事业牢牢扎根于规划从业者以及其他参与到社会引导或场所管治事业之人的世界当中。其合法性在于它向实践提供的启发和工具。将其整合为与实践相关联的命题、启发式论述和词汇，整合为在特定情况下运用的技术，就可以让知识流从某处扩散开来，进而鼓励和影响其他地方的人们。

上述论断反映出不同的哲学取向。第一种常与逻辑实证主义相联系，将规划事业置于"客观"科学之中，或是超越了特定实践之特性的一般哲学原理之中。在这种观念中，实践是或者应当是基于哲学和科学的一般原理在特定情况下的应用。理论和实践之间的关系被看作线性的——从理论到实践。这种实证主义观念在20世纪中叶主导了规划理论的发展，强调抽象的理想城市模型和政策制定过程，理论的基础是人类社会需要遵循的统一的超验原理，以及/或者可以被发现的、可以指导人类行为

⑤ 还可参见詹姆斯·斯罗格莫顿的著作（Throgmorton，1996）。

的科学定律。规划理论学者受到鼓励去发现理想模型,并发展能够形成战略的逻辑演绎程序以实现预设的目标。在此视角下,社会发展或城市化进程从上述原理或定律的轨道中脱离时会产生"病状",而规划活动的作用就是去治愈这种"病状"。这种观点,为规划事业根据既有的目标和标准来"安排"社会和城市找到了理由。

但是,在对"好的城市"和"理性规划过程"进行思辨时,上述构想并非唯一的启发。很多支持者同样还受到知识与行动之间的关系这个更实用主义、更社会结构主义的构想的影响。在此构想下,指导行动的原理不是经过推理得出的,而是在行动当中发展而来,并且与环境的具体情况有关。理解、价值观和"目的"不是从"纯粹模型"中派生出来的,而是源于不断地以社会为基础的行动,即去寻求疑问,探究集体意义建构,考究那些思想看看它们是否"起作用"、是否引起了关注(Lindblom,1965;1990)。大家支持规划理论学者对规划涉及的实践活动保持更敏锐的批判,提出问题去探索理解和意义的建构过程,并对一些议题提出"警告",这包括在喧嚣的当前行动之下的议题,或是在远方地平线上朦胧可见的议题。20世纪下半叶,这种对理论/实践关系的看法脱颖而出。根据弗雷斯特和其他人的工作(参见第8章)以及第三部分提到的一系列新思想,构想方面的转变可视为人们对实用主义传统重新产生了兴趣。

(2)了解场所

在规划行动中调动起来的知识的特别之处何在?这种特别之处又是从哪里来的?具体来说,一名规划师所具备的知识和技巧的"实质"是什么?关于这个问题有两个方面需要考虑。第一个方面与内容有关,需要了解规划行动会涉及的东西,才能指导社会发展和场所发展。这个内容利用了社会科学中的知识,它们分析社会发展过程以及城市和区域动态,也利用自然科学和物理学的进展,因为这些进展影响了环境质量与环境变迁。在这些讨论中,会对如何理解场所品质和空间性以及是什么构成了"发展"进行批判性思辨。然而,将规划视为大量实践中的行动的学者同样强调知识和见解的其他来源,尤其是源自经验和互动创新。这样就突出了第二个方面,即对"关于场所的知识"的质疑,这与什么可以算作是"知识"有关。"知道"意味着什么? 谁的"知识"算数?

对这两方面的思辨又一次与关于本体论(关于实在、"存在"和身份)和认识论(关于知识)的广泛哲学问题联系在了一起。身份需要与"原子论式的"个体的形象相关联吗? 需要与新古典经济学传统中既定的价值观和偏好相关联吗? 还是说,身份一直都是在形成了价值观和承诺的社会文脉中形成的? 当"社会群体"在有关场所品质或社会导向的思辨中被辨别出来时,这是一个由个人组成的群体而构成的"多元世界"吗? 承认这些个人的偏好存在相似性吗? 还是说,它意味着各种社会文脉(其中形成了个人的自我意识和自我价值观)被辨别,即多重维度的多样性被辨别出来? 有用的知识是否是在寻求"科学而客观的"规律的过程中形成的,其核心是对意义、比喻、类推、相似性的探寻吗?

有关本体论和认识论、主观性、身份与知识形态等的问题,在理解场所和调动知识的思辨当中一再出现。是否应当将场所理解为物质性的物体,将其描述为一个挨一个的相互分离的实体,就像在地图上一样? 还是说它们是社会住房和社会流动所在的地方? 空间是否是一个上面可安置物体的消极表面,还是说它是一种积极的力量,能够塑造其中的事物? 一个"场所"是一种惰性物体,还是说它可以"活动"? 相互关系的空间性以及场所品质的"发展"由什么构成? "场所"到底能塑造成什么样? 做规划的人需要关注什么样的空间性? 人们普遍认为由于具备工作经验并受过职业教育,规划师充任专家时应该能意识到关于这些问题的思辨。20 世纪早期的建筑师、工程师和其他推进规划发展(以城市发展为代表)的人对区域发展格外感兴趣(参见第 3 章)。场所品质的问题再一次出现在批判政治经济学家的作品(参见第 6 章)以及有关网络和第 11 章"作为流的场所"的讨论当中。规划理论学者和支持者如何理解场所的品质、空间性和发展，这在很大程度上影响了规划师是否能被看作当前大量场所发展活动中的伟大建造者、监管者或战略的制定者。

弗里德曼（Friedmann，1987）将规划描述为公共问题当中对知识的运用。他思考的一个方面是分析能力，它强调"是什么"应当基于证据和逻辑，而且某些将知识巩固下来的社会进程验证了这一点。这就提供了一个批判性视角，并加深了里德（Reade，1987）对规划事业缺乏理论的普遍批评。里德认为这种缺乏造成了实践技术极少具有分析和测试方面的基础。例如，为政策绩效提供评判指标的活动被描述为探索理论当中的"实践神话"（Sawicki，2002）。然而，究竟是什么为上述分析和测试提供了基础和"证据"？还是说需要由意见调查或"利益相关者"收集的经验知识来讲这个故事？系统化的分析知识能在多大程度上解释一场规划行动中的问题和价值观？"理所当然"的假设和信念下隐藏了多少东西？这些"心照不宣的"知识和理解怎样以及何时会被放到台面上来？这种对利益相关者的知识的"挖掘"何时才有疗效，何时是危险的、具有破坏性的？诸如此类的问题强调了权力动态，它不仅出现在规划行动当中的知识调动中，还出现在规划探讨和政策质疑下对知识的表述当中。

（3）将规划活动语境化

哲学向强调"实践"的转变，抛出了规划行动的背景文脉具有偶然性这一重要问题。有可能仍然认为"规划行动"和"规划师"具有某种先验的含义吗？还是说行动和其中的特定行动者的含义都只能在具体实施当中捕获？是否能将偶然性和文脉分类，使得"最好的实践"策略能够得到最恰当的应用？还是需要把每种文脉视为唯一的组合，并且需要用人类学的敏感性技巧或者福柯的谱系学技巧（"当代史"或小说叙事）来捕获？

20世纪中叶，规划师假定特殊的解决方案在一般情况下也能用而招致了广泛批评。例如，新城的设计用的是一般原则，而编制综合开发规划的方式在全国乃至全世界都是通行的。在英国，1968年规划立法引入了"结构规划"（或一般战略规划）这一规划工具,用它对大都市伦敦的内城城区和苏格兰高地的内城城区进行规划,两者的基本规划格式居然是一样的。这样一种工具在不同的背景文脉下得到"应用",去适应具体情况,导致对文脉的分析也变得"公式化",并由标准化的分类和分析模型来引导。这尤其容易导致忽略具体文脉的高度动态性。本地的"实际情况"将继续扰乱使规划得以"顺利"进行的进程和程序,这不仅破坏了规划合法性本身、导致知识的失败,同时还会潜在危害规划行动的后续结果。

这种工具式的方法是上述"外部"观点的一种衍生物。其依据是规划"理念"应当引导"实际情况",将规划工具通过立法的方式使其合法化。然而,如果规划行动(包括立法本身)是位于大量事件内部而不是外部,那么对文脉就需要一个不同的方法。对日常规划行动变得极其重要的是去探明背景文脉:什么是重要的,对谁是重要的,正在进行的是什么样的权力斗争,规划干预如何影响这些斗争,在对资源分配、身份提供和知识类型进行选择(或需要进行选择)时如何符合伦理道德。弗雷斯特(Forester,1989;1993;1999;2009)在自 20 世纪 70 年代晚期以来的著作中特别强调了这些内容(参见第 8 章、第 10 章),其他文献对此也进行了进一步的展开⑥。

这个视角强调的是规划行为包含了对大量活动的干预是否恰当进行判断。它表明所有涉及的都在政治和管治过程"内部",而不在外部,也没有远离混乱局面。规划行动本质上是"政治的",在这个意义上,规划行动包括有意识的行为——确认或改变组织社会和城市的既定方式。然而,有些评论家担心把关注点放在规划行动的"能动者"上会导致无法抓住塑造背景文脉的广泛力量。结构化理论会缺失,会埋下不平等的隐患,或使偏见和不公变得制度化。其结果是,最终会变得过于保守、过于不重视广泛的政治力量和内置的权力动态。这一批评已经让某些作者变得更为关注对文脉的制度维度进行分析,规划工作就是在这个背景下进行的(参见第 11 章)。其他作者则开始重新重视那些能够且应当活跃规划工作的理念,如"正义"(Fainstein,

⑥ 可分别参见坎贝尔和希利尔的文章和著 作(Campbell, 2006;Hillier, 2007),同时可参见第 10 章。

2000;2010;Campbell,2006)或"可持续原则"(Beatley,1989；Owens and Cowell,2011)。这些文献有时似乎回到了一种对超验原理的哲学式追求。不过,那些认为规划正在进行各式各样实践的人,以及设想未来是通过不定的轨迹和结果之间的复杂连接创造出来的人,也都在探索集体行动如今如何影响大量的未来事件、中介者如何担任调动者和变革活动催化剂的角色(参见第12章)。形成不同观点的原因与对"理论"来源的理解不同有关。在大量事件"以外"寻求立场的人诉诸自然法则和超验价值观或理想模式,以形成一个在具体情况下如何做才"正确"的逻辑。将规划思想和理论置于大量活动之中的人则主张培养判断的能力,判断在具体案例中什么可能比较"恰当"。

在20世纪最后的25年里,对规划行动的分析、"执行"规划政策需要什么,以及哲学和社会科学中的思想转向,都使得规划理论研究更加关注"实践"和与理论纠结在一起时的动态。规划天生就是一项政治工程,这是因为它与根据集体利益而塑造未来有密切关系。关注点的转变,将"实践"的镜头对准了政府、公共政策制定以及国家和更广泛的社会之间的关系。从这里衍生出三个重要主题。

(4) 规划、管治与权力

第一个主题考虑规划师与政治家之间的关系。第4章探讨的思想将技术专家式的规划师与设定社会目标的政治家之间的区别揭示得一清二楚。这一构想随即遭到大量批判,有些人批评它把规划师描述成不过是政治纲领的小跟班;其他人认为规划师本人的行动即带有政治性,因为他们的目标就算用技术价值包裹起来,其内在也仍然是政治性的。保罗·大卫多夫(Davidoff,1965)的著名论断即规划师不可能价值中立,因此需要与具有共同价值观的社会群体结盟,以促进多元利益群体的政治主张。其他学者随后强调规划天生是具有价值取向和意识形态的事业。许多作者受20世纪70年代批判性城市政治经济学的启发,声称与规划事业相连的社会动因不过是一种合法化的矫饰,目的是为了增进侵占了土地与房地产价值的资本主义市场的利益⑦。这些批判认为规划行动需要依据更为激进的来自社会公正的推动⑧。最近几年仍有人在批评规划行动,说它在推进肆意剥削土地和房地产市场价值的行为,而不是影响和约束那些行为。这些批判的立足点已经将保护环境的可持续性或可持续发展以及社会公正包括进来(Luke,1999;Swyngedouw et al,2003)。

上述对规划项目意识形态上的批判使得规划师与政治家之间的区分变得不那么明显。可以从一个政体中的许多立场当中出发,对规划行动进行推动和辩护。规划行动,不是由经过专门训练的专家在给定的“办公室”里为政治家而做的技术活动,而是相互竞争的势力进行斗争的舞台,其本身也是斗争中的一支力量。规划理论文献中的观点经常受到批评,说未能考虑“权力”,或是“将权力置于”关注的背景之中(Yiftachel,1999;Yiftachel and Huxley,2000)。这种批评将权力的概念置于悬而未决的状态。有些人认为权力是一个人控制或限制另一个人的能力。其他人对权力的解读依据的是阶级斗争学说,即阶级之间对生产和物质资源分配的控制权的争夺。还有一派认为权力扎根于大量活动中,扎根于管治下的日常生活的微观政治学中(Lukes,2005)。有些人将“理性”这一规划思想与政治家“现实合理性”的权力游戏进行了对比,或是与对社会形态的“理性化”或控制进行了对比(Flyvbjerg,1998)。其他人重新认为合理性潜在就是多元的,其本身就是塑造未来权力的表达和载体,并且十分强调不同的“合理性”之间就会主导公共政策领域上的斗争(Healey,2006[1997];Sandercock,2003;Watson,2003;Hillier,2007)。一些规划理论学者已经在试图将规划师的工作置于具体实践的微观政治学之中,而另一些学者则将注意力更多地放在规划体系的制度设计上。这些理论学者曾经对该体系在不同背景文脉下、在具体的权力动态中构建实践的方式感兴趣(Huxley,2007)。在上述两种理论流派中,“控制权”(Power Over)这样的主导式权力概念受到了另外一种权力概念的挑战,即将权力视为一种能量、一种“行动权”(Power to)。这使得一

⑦ 参见卡斯特尔的著作(Castells,1977)以及第6章。
⑧ 参见斯科特、法恩斯坦、哈维等人的文章和著作(Scott et al,1977;Fainstein et al,1979;Harvey,1985)。

些规划理论学者开始探索主流权力动态如何受到挑战,且在更加了解塑造具体场所之未来的各种动力的情况下,如何调用变革的能量使权力动态发生改变(Friedmann,1987;Throgmorton,1996;Flyvbjerg,1998;Hillier,2000;Healey,2007)。

这两大主题因第三大主题而在内容上变得更加丰富,后者的核心是为了行动起来而给予能动性的建构和权力以更多的关注。有关于规划行动的记载(例如上文引述过的)对形形色色的行动者(通常称其为利益相关者)的记述相当丰富,他们置身于复杂的社会网络之中,并在各种领域当中就未来走向、就如何运用提供给政府规划体系的工具而相互竞争。在这些记载当中,面对实践中出现的许多不同情况,对角色和身份(例如规划师、政治家、居民、开发商)的一般性区分和对什么是"规划"的一般假设确实已经消失了。在"实际生活"纷繁复杂的管治行动中,规划行动的合法性和责任感的问题,以及因其规划师的身份而对管治有所贡献的合法性和责任感的问题正在变得极度复杂。

(5)"规划师"的身份、专业技能和职业道德

那么,"规划师"是谁? 是每个参与规划行动的人,还是有着独特地位、既定作用和责任的人? 或者,是指那些受过特殊职业训练并具备职业经验的人? 在过去的 100 年中,创建规划体系以规范规划行为、构建职业机构使规划技能正规化、设立专业以培养规划师的这些举措,都令规划行动与规划体系以及受训为规划专家的人的贡献有合并的倾向。"规划师"已经是当代社会演员表里的一员,就像医生、建筑师、律师和社会工作者一样。然而,在前面主题的探讨中已经强调过,规划行动以各种方式吸引了不少"人物"和各色人等加入其中。

在 20 世纪早期,"规划师"经常作为"领袖"而存在,为政治家、管理者指出通往积极的、开明的世界之路。通过他们的社会建构和城市建设思想,规划师视自身为"现代运动"的领袖。他们的合法地位在于他们觉得自己是社会最好价值观的载体,是在对建设未来的工作进行技术转译。到了 20 世纪中叶,这种传

播福音式的自信已经在很大程度上让位于另外一个概念，即"规划师"置身于喧嚣的政治之外，但仍受代议制民主（通过既定目标下政治家的角色）的合法性制约。在这一模式下，有"暂不考虑"权力动态而创建一个"行动空间"（Faludi，1973）的可能性，规划师的技术专家工作在这一空间中可以进行。这一观点视规划师为社会价值和目的的技术翻译，他们的技术、他们对政治家的责任是其合法性的保障。

自 20 世纪 80 年代起，规划师更多的是在充任各种角色——这取决于具体情况——调停人、监控者、引导者、促进者、调动注意力的人、共同设计师、分析员、倡导者、实验员（Forester，1999；2009；Albrechts，1999）。在这种观点下，他们的专业技能部分在于他们具有影响社会和场所发展的各方面因素的知识，但是这些知识如此广博，以至于没有一个专家能全面掌握。这使得某些人将规划师的专业技能围绕某些技术展开，即调动各种类型、形式的技术和知识来搭建一些技术，用于制定指导场所如何以及应当怎样发展的策略。然而，如果不在社会发展的以及具体情况的制度动态背景下抓住场所发展的一点动态，那么这些过程技术也很难发挥作用。有关规划专业技术如何搭建的探讨就形成了一个关键领域，本导言在开始时介绍的那种张力——介于实质内容和过程内容之间的张力——就过时了。规划师的身份并不是想当然的。规划师的"特征"、他们与参加规划行动的其他人之间的关系以及个人的特殊技能、价值观和道德素质的本质等，不仅有赖于进行规划行动的具体环境的状况，也有赖于其他人关于规划师是什么、应当是什么等的印象和感知。

那些相信在大量实际生活之外存在某种立场的可能性的人，会强调规划师的价值观和合法性在表面上是从规划思想的具体"应用"当中得来的；强调立场一直都处在大量实践中的人，注重在实践的文脉下积极地构建合法性；而寻求"围观"的人的注意力则放在将从具体情况中抽象出来的价值观一般化。那些"从内而外"的人其关注点是繁杂、不可预测的世界中的道德行为;"置身事外"的人设想规划师的"背包"里满是各种备选规划思想,或是可能的规划进程,或是用于评估和评价的标准技术;而将规划师定位在大量活动中的人设想规划师的"背包"里装的是实践智慧,对情感和文化共鸣的敏感,既能直观感知也能进行分析,具备在某些情况下促进和调动的能力,能够批判地对已经具有一定发展势头的集体事业进行推动。

最近几年,正是这种"内部"视角占据了规划理论文献的主流(参见本书第三部分)。在此视角下,规划师很少引领(虽然他们可以)也经常无法控制未来(虽然他们有时可以),但他们仍有一些塑造未来的能力。其结果是,他们在伦理上要对在实际环境下的"所作所为"负责。然而,作为领袖的强大的规划师,或是作为技术专家的专家型规划师的图景仍然是通行"规划师"概念中的主要组成,这还是由受土地利用管治支配的政府型规划体系提供的。那些受训成为规划师的人——至少是在西方社会受训的人,最近往往会用更加中庸的方式来形容自己。但是,这种中庸角色强调的是引导社会和场所向更好未来发展的可能性,这是不是否定了规划的承诺?

(6) 塑造未来与提升希望

规划思想面向的是塑造未来,至那时能够创造更好的人类生活和地球生存的条件。从根本上来说,这与社会和社区认为能够设想什么样的"未来"和什么可能是"更好的"有关。但是,自 20 世纪末以来,人们对规划思想和实践持更中庸的看法,在此情形下,上述规划思想真正能够提供的是什么呢?想象和评价可能的未来的能力并不仅仅存在于政治学和规划技术当中,在电影、艺术与文学、媒体舆论以及其他所有学科当中也有。此外,在好几种社会状况下,真实世界中以"进步"的名义所进行的政治活动已经玷污了为"开明的"未来而"进步"和"希望"这样的思想。

在西方,20 世纪 80 年代时对现代主义进步之希望的所谓的"后现代"批判,导致了某种对当下的享乐主义式的享用,这是对"存在"的庆祝(Baudrillard,2007;Cooke,1990;Hassan,1987)。在这种享用下,作为一种理念的规划毫无用武之地。相反,彰显个性才是受到提倡的(Ward,1994)。但从那以后,许多人都主张重振"生成"未来的观点(Harvey,2000;Hillier,2007;Murdoch,2006;Grosz,2001)。有些人发现后现代这个"花样"会加剧被边缘化的人受隔离和被机遇排除在外的现象,进一步加重不平等和不公正现象也,这一发现部分支持了上述观点。环境上的探讨聚焦于对未来生活条件可持续性的威胁上,这同样使得大家重新致力于塑造未来。同时,非西方国家要求更好的贸易条件和国际舞台上更多的认可,这也创造出某种政治未来。在这一背景下,"调动希望"已经成为当前规划理论思辨中正在发展的一个主题(参见第12章)。不过,与一个世纪前相比(参见第3章),这些努力反映出了对关系(未来会从中出现)的复杂性的充分了解,也是对塑造未来要进行的干预所带有的不确定性的充分领悟。在此领悟下,规划行动变成了实验和判断下的一种努力。关注多方面的意见、身份和价值观,还有既意识到约束条件但又不受其束缚的实践智慧,都是对这种努力的支持。

(7) 将规划理论的发展置于其自身的历史中

我们面向中国读者撰写本书的目的,是希望展现规划理论领域的广大范围和丰富性。我们必须承认,自己的工作是遵循如下思想的,即规划行动是在大量管治实践中展开的,但仍具有成为塑造未来的影响力量和动因之一的可能性(参见作者本人在本书第三部分的内容)。但我们已经在努力弱化自己的立场。相反,我们的目的是展现"规划理论对话"不同发展时期的各种立场和思辨。

每一个领域和实践都有其自身思想和经验的"历史"与思辨的"轨迹"。在这种历史中如果缺乏锚点,"规划工作"(或"场所管理工作")就会存在风险——缺乏在过往思辨和实践经验下得到的"警世恒言",而依据什么最新的流行政策理念。历史还揭示出,当前的思想和实践模型的背景文脉与它们正在被利用的地方背景文脉常常有着天壤之别,但这些思想和模型仍在继续影响新思想的探索。因而,对一些老思想的发展文脉的"挖掘"很有必要。向后看时还要强调特定主体不断在规划理论思辨中所出现时的方式,这一点我们在前文中已论述过。在本书中,我们只能提供思想演化的导言式指南。我们希望这些简要的回顾能够让读者听到多年来加入规划理论"对话"中的各种不同的"声音",并鼓励读者进一步了解我们所论及的那些文献。

我们大致按时间顺序来进行综述,不过重点是在思想流派上而不是对特定主题的处理上。导言为该部分每一章内容都提供了一个初步导读。其他章则对每一支思想流派当中的思辨进行了回顾。在本部分导言之后,对规划领域进行了总览(第2章),接下来概述了两支历史悠久的思想流派。第一支流派回顾了20世纪早期规划城市、区域和社会的思想(第3章)。第二支流派回顾了"理性"过程管理这一颇具影响的规划概念,以及规划是一门社会科学这一理念,后者是前者的基础(第4章)。

总的说来,我们希望读者觉得这些回顾对他们有所启发,同时也有信息量。早期规划理论家的工作能够刷新我们的思维,因为他们面对的问题我们现在也在面对。"新"并不总是来自思索未来,它也可能来自(重新)发现过去。我们同样曾经通过一读再读我们回顾的这些文献来进行(经常是虚心地)"刷新"。这个世界(而且总是)充满如何思考和如何去做的"想法"。向后看增强了梦想未来和制造未来的能力。所谓的"新",在于思想和新的背景条件之间的关系,因为新的想象与潜能是从我们与当前的困境所做的搏斗中出现的。

第1章参考文献

[1] Al-Sayyad N. 1992. Forms of Dominance: On the Architecture and Urbanism of the Colonial Enterprise[M]. Aldershot:Avebury.

[2] Albrechts L. 1999. Planners as catalysts and initiators of change[J]. European Planning Studies,7:587-603.

[3] Baudrillard J. 2007. The Indifference of Space[EB/OL]. (2007-07-21). http://www. ubishops. ca/BaudrillardStudies/vol4_1/protopf. htm.

[4] Beatley T. 1989. Environmental ethics and planning theory

［J］. Journal of Planning Literature，4：1-32.

［5］ Benhabib S. 1992. Situating the Self：Gender，Community and Postmodernism in Contemporary Ethics［M］. London：Routledge.

［6］ Boyer C. 1983. Dreaming the Rational City［M］. Cambridge，MA：MIT Press.

［7］ Campbell H. 2006. Just planning：The art of situated ethical judgement［J］. Journal of Planning Education and Research，26：92-106.

［8］ Castells M. 1977. The Urban Question［M］. London：Edward Arnold.

［9］ Connolly W E. 2005. Pluralism［M］. Durham，NC：Duke University Press.

［10］ Cooke P. 1990. Modern urban theory in question［J］. Transactions of the Institute of British Geographers，15：331-343.

［11］ Davidoff P. 1965. Advocacy and pluralism in planning［J］. Journal of the American Institute of Planners，31：331-338.

［12］ Driver F. 1992. Geography's empire：Histories of geographical knowledge［J］. Environment and Planning D（Society and Space），10：23-40.

［13］ Fainstein S. 2000. New directions in planning theory［J］. Urban Affairs Review，34：451-476.

［14］ Fainstein S. 2010. The Just City［M］. New York：Cornell University Press.

［15］ Fainstein S S，Fainstein N. 1979. New debates in urban planning：The impact of Marxist theory in the United States ［J］. International Journal of Urban and Regional Research，3：381-403.

［16］ Faludi A. 1973. Planning Theory［M］. Oxford：Pergamon Press.

［17］ Faludi A. 1987. A Decision-centred View of Environmental

Planning[M]. Oxford:Pergamon Press.

[18] Flyvbjerg B. 1998. Rationality and Power[M]. Chicago: University of Chicago Press.

[19] Forester J. 1989. Planning in the Face of Power[M]. Berkeley:University of California Press.

[20] Forester J. 1993. Critical Theory, Public Policy and Planning Practice:Toward a Critical Pragmatism[M]. Albany:State University of New York Press.

[21] Forester J. 1999. The Deliberative Practitioner:Encouraging Participatory Planning Processes[M]. London:MIT Press.

[22] Forester J. 2009. Dealing with Differences: Dramas of Mediating Public Disputes[M]. Oxford:Oxford University Press.

[23] Friedmann J. 1973. Re - tracking America:A Theory of Transactive Planning[M]. New York:Anchor Press.

[24] Friedmann J. 1987. Planning in the Public Domain[M]. Princeton:Princeton University Press.

[25] Gold J. 1997. The Experience of Modernism: Modern Architects and the Future City:1928—1953[M]. London: E & FN Spon.

[26] Grosz E. 2001. Architecture from the Outside[M]. Cambridge, MA:MIT Press.

[27] Gunder F A. 1967. Capitalism and Underdevelopment in Latin America:Historical Studies in Chile and Brazil[M]. London:Monthly Review Press.

[28] Hall P. 1988. Cities of Tomorrow[M]. Oxford:Blackwell.

[29] Harvey D. 1985. The Urbanisation of Capital[M]. Oxford: Blackwell.

[30] Harvey D. 1989. From managerialism to entrepreneurialism: The formation of urban governance in late capitalism[J]. Geografiska Annaler, 71B:3-17.

[31] Harvey D. 2000. Spaces of Hope[M]. Edinburgh:Edinburgh

University Press.

[32] Hassan I. 1987. The Postmodern Turn:Essays in Postmodern Theory and Culture[M]. Columbus, OH:Ohio State University Press.

[33] Healey P. 2006 [1997]. Collaborative Planning: Shaping Places in Fragmented Societies[M]. 2nd ed. London:Macmillan.

[34] Healey P. 2007. Urban Complexity and Spatial Strategies: Towards a Relational Planning for Our Times[M]. London: Routledge.

[35] Healey P, Upton R. 2010. Crossing Borders:International Exchange and Planning Practices[M]. London: Routledge.

[36] Hillier J. 2000. Going round the back:Complex networks and informal action in local planning processes[J]. Environment and Planning A, 32:33-54.

[37] Hillier J. 2006. Multiethnicity and the negotiation of place [M]//Neill W, Schwedler H-U. Migration and Cultural Inclusion in the European City. Basingstoke:Palgrave Macmillan:74-87.

[38] Hillier J. 2007. Stretching Beyond the Horizon:A Multiplanar Theory of Spatial Planning and Governance[M]. Aldershot:Ashgate.

[39] Hoch C. 2007. Pragmatic communicative action theory[J]. Journal of Planning Education and Research,26:272-83.

[40] Huxley M. 2007. Geographies of governmentality [M]// Crampton J, Elden S. Space, Knowledge and Power. Aldershot:Ashgate:185-204.

[41] Legg S. 2007. Beyond the European province:Foucault and postcolonialism[M]// Crampton J, Elden S. Space, Knowledge and Power. Aldershot:Ashgate:265-289.

[42] Lindblom C. 1965. The Intelligence of Democracy[M]. New York:Free Press.

[43] Lindblom C E. 1990. Inquiry and Change:The Troubled Attempt to Understand and Shape Society[M]. New Haven:Yale University Press.

[44] Luke T. 1999. Capitalism, Democracy and Ecology:Departing from Marx[M]. Urbana, ILL:University of Illinois Press.

[45] Lukes S. 2005. Power:A Radical View[M]. 2nd ed. Basingstoke:Palgrave Macmillan.

[46] Murdoch J. 2006. Post-structuralist Geography[M]. London:Sage.

[47] Owens S, Cowell R. 2011. Land and Limits:Interpreting Sustainability in the Planning Process[M]. 2nd ed. London:Routledge.

[48] Perera N. 2002a. Indigenising the colonial city:Late nineteenth century Colombo and its landscape[J]. Urban Studies, 39:1703-1721.

[49] Perera N. 2002b. Feminising the city:Gender and space in colonial Colombo[M]//Sarker S, De E N. Trans-Status Subjects:Gender in the Globalization of South and South East Asia. Durham, NC:Duke University Press:67-87.

[50] Perera N. 2005. Importing problems:The impact of a housing ordinance on Colombo, Sri Lanka[J]. The Arab World Geographer, 8:61-76.

[51] Rabinow P. 1989. French Modern[M]. Chicago:University of Chicago Press.

[52] Reade E. 1987. British Town and Country Planning[M]. Milton Keynes:Open University Press.

[53] Rorty R. 1980. Philosophy and the Mirror of Nature[M]. Oxford:Blackwell.

[54] Sandercock L. 2003. Mongrel Cities:Cosmopolis 11[M]. London:Continuum.

[55] Sanyal B, Vale L, Rosan T. 2012. Planning Ideas that

Matter[M]. Boston, Mass：MIT Press.

[56] Sawicki D. 2002. Improving community indicators：Injecting more social science into a folk movement[J]. Planning Theory and Practice，3：13-32.

[57] Schon D. 1983. The Reflective Practitioner[M]. New York：Basic Books.

[58] Scott A J，Roweis S T. 1977. Urban planning in theory and practice：A reappraisal[J]. Environment and Planning A，9：1097-1119.

[59] Stoler A L. 1995. Race and the Education of Desire：Foucault's History of Sexuality and the Colonial Order of Things[M]. Durham，NC：Duke University Press.

[60] Swyngedouw E，Moulaert F，Rodriguez A. 2003. The Globalized City：Economic Restructuring and Social Polarisation in European Cities[M]. Oxford：Oxford University Press.

[61] Throgmorton J. 1996. Planning as Persuasive Story-Telling [M]. Chicago：University of Chicago Press.

[62] Ward S V. 1994. Planning and Urban Change[M]. London：Paul Chapman Publishing.

[63] Ward S V. 2002. Planning in the Twentieth Century：The Advanced Capitalist World[M]. London：Wiley.

[64] Watson V. 2003. Conflicting rationalities：Implications for planning theory and practice[J]. Planning Theory and Practice，4：395-407.

[65] Yiftachel O. 1999. Planning theory at the crossroads[J]. Journal of Planning Education and Research，18：67-69.

[66] Yiftachel O，Huxley M. 2000. Debating dominance and relevance：Notes on the communicative turn in planning theory [J]. International Journal of Urban and Regional Research，24：907-913.

[67] Young I M. 1990. Justice and the Politics of Difference[M]. Princeton，NJ：Princeton University Press.

第 2 章　规划理论：一项社会科学"工程"

> 规划不仅仅事关目标实现的有效手段，它也是社会发现自身未来的过程。
>
> ——约翰·弗里德曼(Friedmann,1973)[4]

"规划理论"这一事业是一种实用导向的社会科学，源于20世纪40年代芝加哥大学举办的规划教育与研究专业(Friedmann,1987;Faludi,1987)。该专业有意识地强调了规划实践的社会导向作用。它吸收借鉴了18世纪欧洲启蒙运动中的观念和20世纪早期"美国梦"的精神理想。"美国梦"的中心思想是借助知识的应用，并通过广泛的科学探索方法来理解，社会将向着更加公平、繁荣、民主的方向发展。这些思想影响了20世纪30年代田纳西流域管理局(TVA)(Selznick,1949)所开展的大型区域规划项目，以及20世纪50年代美国对拉丁美洲国家和其他国家政府的援助计划。芝加哥的规划理论研究者诸如爱华德·班费尔德(Banfield,1968)以及哈维·波洛夫(Perloff,1957)的批判性分析和实践指导被发表在《美国规划师协会期刊》[①](之后更名为《美国规划协会期刊》[②])上，深深影响着美国规划学界。然而，这并不是对规划工程的唯一理解。在欧洲，乌托邦思想和建筑学传统也深刻影响着20世纪的规划思想和实践，而对资本主义发展模式的社会主义替代方案更是广为流行。

直到20世纪60年代，将规划视为具备理论知识的社会指导过程的看法才漂洋过海传到大西洋彼岸，参与到欧洲的规划思辨中来。在那里，围绕着城市规划实践，这种社会科学式的思维必须与根深蒂固的建筑学传统进行竞争。1973年，当时任职

① 英文全称为 Journal of the Institute of American Planners。
② 英文全称为 Journal of the American Planning Association。

于英国牛津理工大学的安德烈亚斯·法鲁迪出版了关于"规划理论"的著作和文集,集结了美国关于规划的思辨和理念,即规划是对公共政策性项目进行的理性科学管理(Faludi,1973a;1973b)。早年经历过战乱的法鲁迪受这些思想的启发,视这些思想为抵御邪恶而紊乱的战争之暴力和毁灭行径的手段。然而,从20世纪50年代起,对社会指导方法的研究和对城市的规划都是在"冷战"氛围下进行的。那时受凯恩斯经济学的影响,在民主体制下以扩大效益型增长为目标的资本管理转而成为一道"壁垒",用以抵制社会主义国有制经济思想(在代表大众利益的旗号下运行)的渗透。

规划理论思辨会周期性地随着其他社会科学和哲学的发展以及规划实践的积累而重新焕发生机。20世纪60年代,以社会指导为主要观点的芝加哥模式在融入了与赫伯特·西蒙(Simon,1945)的研究相关的理性科学原则后,受到了愈来愈多的批判性审视。欧洲的批评家援引更具影响力的马克思主义社会学和意识形态论的观点,来强调实现全面的社会公平与资本家和工人之间内在的剥削关系之间的矛盾分歧。这种剥削关系在马克思看来,是资本主义经济关系的基础,因此难以消除(参见第6章)。不平等、不公正的现象也出现在20世纪60年代美国的城市当中,引起了当时对政策和规划的批判性置疑(Davidoff,1965;Gans,1969;Marris and Rein,1967)。与此同时,班费尔德(Banfield,1968)(受货币主义经济学家米尔顿·弗里德曼的影响)开始对整个规划学科提出异议(Friedmann,1987)。同一时间,在几次著名的理性综合规划尝试(Meyerson and Banfield,1955;Altshuler,1965)和拉丁美洲经济与城市发展的实践(Dyckman,1966;Friedmann,1973;Peattie,1987)过程中,规划均遇到了种种困难,又逐渐回流到规划理论的讨论中来。

在法鲁迪的著作发起了对社会指导式规划强有力挑战的同一时期,两篇极具影响力的文章均于20世纪70年代初问世。一篇出自规划经济学家霍斯特·里特尔和梅尔·韦伯(Rittel and Webber，1973)之手，另一篇由政策科学家亚伦·威尔达夫斯基(Wildavsky，1973)撰写。这两篇文章的作者对规划的社会价值，至少是对当时处于支配地位的理性主义视角下的社会价值提出了质疑。这些批判有助于为 20 世纪 70 年代争抢学术关注度的其他视角开辟出思想空间。此时，随着"1968 年"那一代学生的政治激进主义运动的兴起和对环境肆意开发造成的破坏日益显著，规划理论逐渐向多种流派和多元立场分化，其目的在于重新定义规划的本质和基本概念。在众多流派当中，各种意识形态、认识论、实事评论共存且交织碰撞。

正是在这种背景下，有人试图对各种规划理论思辨加以学术整合。哈迪森(Hudson，1979)在他的一篇颇具影响力的文章中明确了五种流派——纲要的(或称之为理性综合规划)、渐进的、协商的、倡导的和激进的，同时他还将这五种流派以其英文首字母缩略为 SITAR。他不仅创建了五种流派的评判标准，明确了它们在公众利益表述中的作用，同时也阐述了它们在涉及需要"规划"的具体内容或现象方面的缺陷，并指出其缺乏严格意义上的自反性。数年之后，一项与此相关的尝试由本书其中一位作者协同 20 世纪 80 年代在英国牛津理工大学任职的同事开展起来，他们组织了一次"规划理论"大会(Healey et al，1982)，其目的在于更多地以欧洲为中心来进行理论思辨。思辨更加侧重于城市政治经济学观点和结构主义的马克思主义对规划的激烈批判，两者曾在 20 世纪 70 年代的欧洲发展迅猛。我们同时强烈倡导关注更多要点问题。首先是规划过程与"实质"——或者说是过程所指向的内容之间的相互作用；其次是关注规划活动与特定的政治制度背景之间的关系。这些背景和内容七年以后在耶夫塔克的文章中又被反复提及。有着澳大利亚和以色列背景的耶夫塔克发展了类型学，将对于政策制定过程的广泛讨论从一般原理的探讨中带离出来，转向与"规划"紧密相连的真实实践中来(Yiftachel，1989)。他通过三个问题来回顾规划思辨：城市规划需要具备什么？怎样去理解一个好的城市规划？怎样去理解一个好的规划过程？

但是在规划理论领域最为重要和最具影响力的评述出自弗里德曼(Friedmann,1987)的权威著作。20世纪40年代晚期，他是芝加哥大学规划教育与研究专业的学生，有着参与拉丁美洲经济发展计划的经历，始终把关注的重点放在规划工程的激进的变革潜力上，但对于如何引导社会在认识上产生了根本性的转变。不同于将规划理解为专家精英集团对国家政府进行建议的实践活动，到了20世纪70年代，弗里德曼开始提倡一种更为自下而上的发展观，其核心是民众试图改善自身社会环境的热情。他将正在形成的社会指导思想的论述作为他对当代规划思辨进行整合再分类的基础，把重点集中在了社会改革、政策分析、社会学习和社会动员四个方面。此时，弗里德曼本人的著作已开始重点探索在"区域发展"中实现自下而上模式的可能性，并以变革力量的规范化和对公民社会的积极探索为实现的基础。这便重审了规划作为一项政治活动的本质，突出反映了在规划思想和规划实践中同时存在的系统维持和系统转型及两者之间的对抗。这就将规划工作置于管治实践及其各种模式的背景之下，这里所说的管治指集体行动的主动权，无论它是由政府发起还是直接产生于社会和经济生活之中。

到了20世纪90年代，笼罩在管治形式讨论之上的"冷战"阴云随着柏林墙的倒塌逐渐褪去。那时，一直依靠专业知识来进行的整个管治工作受到了来自横跨整个社会科学的"后现代主义"转向的压力。博勒加德(Beauregard,1989;1991)认为这个转向包含了认识城市和管治的新视角，其灵感来源于女权运动、环境保护运动、欧洲后结构主义哲学，以及对在极为不同的文化背景下输入西方规划思想的愈发尖锐的批评。博勒加德问道："对于那些生活呈现出多价态、多义性以及有目的的叙事人来说"(Beauregard,1991)[91]，"现代主义"的规划模式到底意味着什么？有关规划理论学家如何竭力解决这个问题的内容将在第三部分进行讨论。规划理论思辨这一领域似乎呈现出四分五裂的态势，形成了多种话语流派。然而，朱迪斯·英尼斯(Innes,1995)撰写的一篇论文明确了一股被冠以"沟通转向"的理论流派在整个 20 世纪 80 年代里发展的过程(参见第 10 章)。由于这支流派吸引了太多的关注以至于很快就引发了对于它的过度主导地位的怨言。而到了 21 世纪初,规划理论领域似乎再一次呈现出"多样化、碎片化的景象"(Allmendinger,2002)[96]。苏珊·费因斯坦(Fainstein,2000)在其写于美国的一篇较有影响力的论文中断言规划理论领域受三种观点主导:沟通方法、重新热衷于城市设计("新城市主义")和通过城市政策实现对社会公平的持续关注。

本章节所列举的若干主题会在其他章节中加以详述。各种关于规划本质、规划目的和方法的思辨反映出规划理论领域一直关心的问题。规划是某种意义上的社会指导过程,还是某项针对城市或地方发展的具体实践活动? 就其核心而言,它是一项着重于意义、方法和管治过程的尝试,还是关于塑造城市和区域发展的方式,或是关于在不同情境下寻求社会和环境的公平性目标? 能不能将这些背景、实质和过程分而视之,或是这些问题之间本就是共同发展、相互构成的? 是否存在着可加以阐释的普遍性原则用以指导规划实践,还是说规划本身是特定时期和场所之下的一项事业? 对于世界能够且应当如何发展,分析和"科学"探索如何与规范化思想实现共存? 对于规划参与者和规划系统的伦理规范而言,这些问题的答案又将意味着什么? 我们希望读者能够饶有兴致地徘徊于各章节之间,结合这些问题各自的背景和所站的不同视角来领会关于它们的思辨。

第 2 章参考文献

[1]　Allmendinger P. 2002. Towards a post-positivist typology of planning theory[J]. Planning Theory,1:77-99.

[2]　Altshuler A. 1965. The City Planning Process:A Political Analysis[M]. Ithaca, NY:Cornell University Press.

[3]　Banfield E. 1968. Unheavenly City [M]. Boston:Little Brown.

[4]　Beauregard R A. 1989. Between modernity and

postmodernity：The ambiguous position of US planning[J]. Environment and Planning D(Society and Space),7:381-395.

[5] Beauregard R A. 1991. Without a net：Modernist planning and the postmodern abyss[J]. Journal of Planning Education and Research，10:189-194.

[6] Davidoff P. 1965. Advocacy and pluralism in planning[J]. Journal of the American Institute of Planners，31:331-338.

[7] Dyckman J. 1966. Social planning, social planners and planned society[J]. Journal of the American Institute of Planners，32:66-76.

[8] Fainstein S. 2000. New directions in planning theory[J]. Urban Affairs Review，34:451-476.

[9] Faludi A. 1973a. Planning Theory[M]. Oxford：Pergamon Press.

[10] Faludi A. 1973b. A Reader in Planning Theory[M]. Oxford：Pergamon Press.

[11] Faludi A. 1987. A Decision-centred View of Environmental Planning[M]. Oxford:Pergamon Press.

[12] Friedmann J. 1973. Re-tracking America：A Theory of Transactive Planning[M]. New York:Anchor Press.

[13] Friedmann J. 1987. Planning in the Public Domain[M]. Princeton:Princeton University Press.

[14] Gans H. 1969. Planning for people not buildings[J]. Environment and Planning A，1:33-46.

[15] Healey P, McDougall G, Thomas M. 1982. Planning Theory：Prospects for the 1980s[M]. Oxford：Pergamon Press.

[16] Hudson B. 1979. Comparison of current planning theories：Counterparts and contradictions[J]. Journal of the American Planning Association，45:387-398.

[17] Innes J. 1995. Planning theory's emerging paradigm：Communicative action and interactive practice[J]. Journal of

Planning Education and Research,14:183-189.

[18] Marris P, Rein M. 1967. Dilemmas of Social Reform: Poverty and Community in the United States[M]. London: Routledge and Kegan Paul.

[19] Meyerson M, Banfield E. 1955. Politics, Planning and the Public Interest[M]. New York: Free Press.

[20] Peattie L. 1987. Planning: Rethinking Cuidad Guyana[M]. Ann Arbor: University of Michigan Press.

[21] Perloff H S. 1957. Education for Planning: City, State and Regional[M]. Baltimore: John Hopkins Press.

[22] Rittel H, Webber M M. 1973. Dilemmas in a general theory of planning[J]. Policy Sciences, 4:155-169.

[23] Selznick P. 1949. TVA and the Grass Roots[M]. Berkeley: University of California Press.

[24] Simon H. 1945. Administrative Behavior[M]. New York: Free Press.

[25] Wildavsky A. 1973. If planning is everything maybe it's nothing[J]. Policy Sciences, 4:127-153.

[26] Yiftachel O. 1989. Towards a new typology of urban planning theories[J]. Environment and Planning B (Planning and Design),16:23-29.

第2章重要文献回顾

[1] Andreas F. 1973. What is planning theory[M]//Andreas F. A Reader in Planning Theory. Oxford: Pergamon Press:1-10.

[2] Aaron W. 1973. If planning is everything maybe it's nothing [J]. Policy Sciences, 4:127-153.

[3] Barclay M H, Thomas D G, Jerome L K. 1979. Comparison of current planning theories: Counterparts and contradictions [J]. Journal of the American Planning Association, 45:387-398.

[4] Horst W J R, Melviin M W. 1973. Dilemmas in a general the-

ory of planning[J]. Policy Sciences，4：155-169.

[5] John F. 1996. Two centuries of planning theory：An overview [M]// Seymour J M，Luigin M，Robert W B. Explorations in Planning Theory. New Brunswick：Centre for Urban Policy Research：10-29.

[6] Olen Y. 1989. Towards a new typology of urban planning theories[J]. Environment and Planning B（Planning and Design），16：23-39.

[7] Patsy H，Glen M，Michael J T. 1982. Theoretical Debates in Planning：Towards a Coherent Dialogue. Planning Theory Prospects for the 1980s[M]. Oxford：Pergamon Press：5-22.

[8] Robert A B. 1991. Without a net：Modernist planning and the postmodern abyss[J]. Journal of Planning Education and Research，10：189-194.

[9] Susan S F. 2000. New directions in planning theory[J]. Urban Affairs Review，34：45-78.

第 3 章　激发灵感的先驱们

城市不仅是空间中的一处场所,更是时间中的一出戏剧。

——帕特里克·格迪斯(Geddes,1905b)[107]

20 世纪前半叶,西欧和美国有一批具有国际声誉的作家、思想家和慈善家批判了工业革命所带来的社会后果,帕特里克·格迪斯和埃比尼泽·霍华德都属于这一代人。用格迪斯的话来说,这是一个"行动开始激荡,思想觉醒生发,充满新的政策和雄心壮志"(Geddes,1968[1915])[2]的时代:人们充满了"公民梦想"(Geddes,1968[1915])[8]和对未来的强烈希望,憧憬着在城市贫困、疾病、劳动剥削和"一战"动乱的背景下重新建设"更好的"社会和城市。于是从 19 世纪 80 年代起,欧美国家有好几个委员会、考察和调研机构还有种种慈善和基于信仰的社会性实验都对居住在内城的居民进行了调查,并致力于完善其道德状况和改善其生活条件。其中许多倡议来自女性,诸如芝加哥的简·亚当斯[①],但是这些女性的贡献却时常得不到认可。

男性、中产阶级知识分子在上述事业中占据了主导地位,其根源在于一种对空间规划中主客体、空间规划与权力体系的关系,以及权力体系与思想体系关系的霸权性的理解和接受,正如莱奥妮·桑德科克(Sandercock,1995;1996;1998)所指出的,将女性排除在规划理论文选之外并不是因为她们对建成环境和社会环境不感兴趣,而是因为她们往往没有机会(如拥有关系、权力资源等)和男性一样获得成功。简·亚当斯(Addams,1972[1909];1990[1910];2002[1902])、凯瑟琳·鲍尔(Bauer,1942[1934])、安吉拉·伯德特—库茨[②]、玛格丽特·费尔曼[③]、奥克

① "怜悯与空想社会改良主义的代言人",参见霍尔(Hall,1988)[41]的著作。
② 参见希利的著作(Healey,1978)。
③ 参见梅洛特的文章(Melotte,1997)。

维娅·希尔（Hill,1877;1899）和玛丽·西姆柯维奇（Simkho-vitch,1938）等女性提出了非常多关于城市环境和城市未来的观念，这在多洛莉丝·海登（Hayden,1981）和达芙妮·斯佩恩（Spain,2001）的著作中都有如实记载。除此之外，非洲裔美国学者如威廉·爱德华·伯格哈特·杜波依（Dubois,1898;1961）等人也做出了重要贡献，但是在关于城市规划史的主流文献中这些人却大多未被记载。

　　需要认识到的是，在西方空间规划实践中我们所熟悉的理念和模式产生于某种语境和哲学基础，但往往在使用时又是极为不同的语境与哲学基础，比如说霍华德、格迪斯和芒福德的社会无政府主义④在穿越时空的旅程中被明显地弱化和误用了。

　　尽管如此，我们还是能够追溯从霍华德、格迪斯到芒福德之间的直接关联。在这三巨头中，格迪斯可谓关键人物。他受到来自俄国人彼得·克鲁泡特金和法国地理学家埃利泽·邵可侣的影响，此外，他还谙熟物理学家阿尔伯特·爱因斯坦和数学家亨利·庞加莱的著作，后两人都研究关系和相对性问题。在这些影响下，格迪斯（Geddes,1905a;1905b）曾经设计出一种活力论式的社会主义无政府主义形式，以此为途径来理解和应对他亲眼目睹的令人发指的贫民窟状况，譬如爱丁堡尤其是伦敦的贫民窟。由于觉察到城市和区域可以作为一个完整的整体，他在1915年第一次使用了"集合城市"⑤一词。

　　当时整个欧洲流行的观念是地理决定论，对此格迪斯极为反感。他将某种方法论引入社会调研，将公民学称作表达公民"思想方法"的"思考机器"（Geddes,1905b）[67]。格迪斯这种作为社会调研的公民学旨在为作为社会服务的规划铺垫道路，他认为这种方法是对社会的诊断，能够给未来把脉，并诊治问题、改善生活质量。格迪斯在当时就认识到了我们今天称之为场所、工作与民众等城市诸要素之间的复杂性和关联性，因而强调城市是一个有机实体的观念，在这个实体中主观生活源自内部，但导向生态、空间、社会和精神的"创造增效"（Huxley,2006）[783]。格迪斯从环境、条件、有机体这三个"单纯生物模式"（Geddes,

④ 英语中的"Anarchism"一词源于希腊语单词"αναρχια"，意思是没有统治者，所以在翻译成中文时，根据这一最基本的特征将其译成"无政府主义"，也有文献将其音译为"安那其主义"。无政府主义包含了众多哲学体系和社会运动实践，它的基本立场是反对包括政府在内的一切统治和权威，提倡个体之间的自助关系，关注个体的自由和平等；其政治诉求是消除政府以及社会上或经济上的任何独裁统治关系。对于大多数无政府主义者而言，"无政府"一词并不代表混乱、虚无或道德沦丧的状态，而是一种由自由的个体自愿结合，建立的互助、自治、反独裁主义的和谐社会。庄子被认为是最早的无政府主义者——译注。

⑤ 详见其著作《进化中的城市》（*Cities in Evolution*）。在该书中，帕特里克·格迪斯已开始关注当时作为新技术的电力和机动交通，认为这些新技术使城市扩散并聚集在一起——译注。

1905b)[70]当中发展出场所、工作、人的思想,并认为对这三者"应从其相互关联的复杂性来理解,即场所—工作、工作—场所和人—场所":"社会改良者会发现,在他们认识到城市是一个社会发展的复杂总体、其所有活动和思想部分之间存在有机关联时,他们的理想才更有实现的可能"(Geddes,1905b)[80]。对于格迪斯而言,城市"本体"将通过知情公民而形成"更好的人类环境和更优良的人类",从而不断进化(Huxley,2006)[782]。

霍华德称格迪斯的上述文章为"华耀而生动的篇章",并回应称欢迎这些与他不谋而合的观念。霍华德本人的改革观念既是社会的也是空间的,其目标便是,"城市将代表一个更加公正与平等的社会秩序的价值观,城市将开启社会改革的进程,这场改革最终将消除资本主义阶级冲突"(Pinder,2005)[40]。

霍华德在《明天:通向真正改革的和平道路》⑥中提出,土地应为整个社区所共有,地租应回馈社区用以支付公共服务。然而到了1898年,他的田园城市示意图已经不再有"站出来并拥有土地"的呼吁(Howard,1899;Pinder,2005)。霍华德的观念并不是国家社会主义,而只是去中心化的、由地方经营的各联盟之间的"合作"。

不幸的是,1902年第二版时该书名已经改为《明日的田园城市》⑦,且其引人注目的田园城市示意图也被删除。正如彼得·霍尔(Hall,1988)[88]的评论,这部新版著作让人们不再关注其内容的激进本质,也使霍华德从"社会空想家降格为物质规划师"。霍华德所设想的在区域尺度上相互关联的城镇体系也沦为了中产阶级的郊区。

格迪斯和霍华德都意识到妇女在19世纪晚期城市中作为"实用的家庭主妇"的劣势地位(Geddes,1968[1915])[8],这种劣势浪费了妇女的能力和精力。他们二人都对家务管理社区合作观念感兴趣,因为这种观念有希望给妇女带来"更公正和更幸福的社会秩序",使得她们能够腾出时间和精力在社会中发挥更大的作用(Howard,1912)[8]。

在美国,刘易斯·芒福德所持观点与格迪斯和霍华德的相

⑥ 英文书名为 Tomorrow:A Peaceful Path to Real Reform。
⑦ 英文书名为 Garden Cities of Tomorrow。
⑧ 引自皮德尔(Pinder,2005)著作中第276页脚注第51条。

同,即亟须对区域中的城市进行全面的和逐层演进的分析。芒福德(Mumford,1917)支持在区域规划中引入田园城市概念,这个理念遂成为1923年成立的美国区域规划协会最初纲领的基础(Hall,1988)[148]。芒福德认为,在经过规划的田园城市中,可充分利用20世纪初巨大的技术进步来实现"质量更完美的生活"(Mumford,1925)[151],而这样的田园城市将代表着"现代技术发展中所有好的方面,而扬弃了其片面存在的所有(不好)方面"(Mumford,1925)[152]。

但是,芒福德的理想主义在后续的几十年中土崩瓦解。他于1961年写作《城市发展史》⑨时脑海里充斥着二战和随后的冷战,充斥着下述景象:虽然所居住的世界在能源和生产力上有着显而易见的无限制增长,但却被核战的阴影所笼罩,在汽车的驱使下沥青道路与一排排盒子状的混凝土房屋"如大城市般"无序无状蔓延。他将这些都归因于对科技的非理性滥用。他认为,不加限制地将集合城市扩张为巨大的大都市这种做法降低了达到社会效率及满足人类需求的可能性。他发觉官僚体制虽然有好的意图,却往往事倍功半。

与格迪斯以及霍华德一样,芒福德所设想的远景针对的是小规模联合市政机构网络,它们管理一种应对人际交往的"不同形态的城市增长",其基础是英国新城理论。与简·雅各布斯所持观点一样(Jacobs,1961),芒福德希望空间规划强调人与空间的有机关系,在这种关系下人可以选择步行而非开车:"使步行重新恢复为一种旅行方式""忘记该死的机动车,为情侣和朋友而建设城市"。

在很多方面,田纳西流域管理局(TVA)的实践是格迪斯和霍华德城市与区域理念的发展。TVA是在富兰克林·罗斯福的美国新政的背景下(1933年以来)成立的,是罗斯福构想的组成部分,代表着向大众和工业领域的大规模回归。不论是在民主规划还是在作为一个区域性概念的规划中,TVA都是一次由政府引导的"实验、冒险"(Selznick,1949)[11]。将一片河流盆地作为一个整体单元,TVA的建立代表了对于政府部门、空间尺

⑨ 英文书名为 The City in History。

度和功能的一种全新的、更宽广的见解。它开拓了一片新的领域，摒弃了规划的纯粹物质方面，转而为具体活动所产生的社会后果"承担责任"。政府当局认为有必要建立一种强有力的社会责任感，它表现为"使短期的紧急事务适应长期的社会政策"，这样的途径在当下许多将民粹主义政治作为准则的国家中十分缺乏。然而，霍尔（Hall，1988）[161-164]记述了 TVA 所设想的远景并没有完全实现。社区发展、医疗和教育仅仅收到了所承诺的资金中很小的部分，而诺里斯的"新城"充其量也只能算是个"郊区农村"。正如霍尔（Hall，1988）[64]所评论的，"美国——即使处于新政之下——没有在政治上准备好去实现这种设想"。

在塞尔兹尼克对 TVA 的研究中，其关键的信息之一便是"规划的工具与民主进程的本质密切相关"（Selznick，1949）[9]。这种思想体系的建构与弗里德里希·冯·哈耶克（von Hayek，1944）的观点完全相悖，对于后者而言，这种关于空间规划与"共同利益"的想法令人厌恶。冯·哈耶克写作于二战尾声时期，对于任何德国的和马克思主义的事物都充满敌意，其研究致力于对"自由"和"解放"的探寻。在这样的基调下，规划成为"一意孤行的空想家"追求的事物，而"这些最渴望规划社会的人，一旦被允许实施其规划，就会变成最危险的人"（von Hayek，1944）[57]。冯·哈耶克在新自由个人主义和经济竞争方面的遗产具有巨大的影响力，这种影响力在货币主义经济、许多福利国家（至少是在英国、澳大利亚和新西兰）和那些曾经国有化的工业与商业部门的私有化中均有所体现。这也讽刺般地扭转了到底哪个才是更"危险"的政权这一问题的答案。

卡尔·曼海姆同样在"二战"期间著书立说（Mannheim，1940）。与冯·哈耶克不同，他颇为认同大规模的规划行动这一理念。他认为需要一种"被规划的自由"和社会控制——即"理性对非理性的掌控"（Mannheim，1940）[267]——而非冯·哈耶克所提倡的不经规划的市场"自由"乃至霍华德的协作式"自由"。曼海姆所指的经过规划的社会将以科学为依据，为了"整体的利益"而有效地工作。在他这种功利主义的概念中，某些"社会阶层"将不可避免地比其他阶层更加自由。

上述著者的著作均涉及"进步",即用某种形式的"秩序"来代替可感知到的城市中的"无序"。尽管社会无政府主义者试图理解公民"思考的方式",尽管 TVA 试图更为民主,但他们主要是对所关注的问题提出了物质和技术上的"解决方法",这种情况在霍华德的著作于 1902 年出版之后尤为突出。空间规划被作为一种引导或控制社会的工具,规划师被视为可以决定如卫生、健康、自由等"公共利益"的专家。尽管格迪斯的思想与那些极大地质疑了欧几里得空间与时间概念的欧洲理念一脉相承,但他对于空间作为一种动态的、相关的行动者的意识即使有也是微乎其微。

所有的著者都在某种意义上支持法国社会思想家米歇尔·福柯后来所提出的空间对于身体的规范(参见第三部分)。冯·哈耶克主张市场主导的调控规范,其他著者则认为需要有一个对"生命、健康和效率的统筹安排"(Geddes, 1968[1915])[26],不论这种安排是区域的、集合城市的、跨越城市网络的还是在小规模的联合体中。

格迪斯和霍华德均主张低密度的发展,它带来许多好处,包括更易于接近乡村、更多的公园空间和更多的阳光,当然这也意味着更少的疾病,这也就是霍华德所说的"健康的平衡"。而芒福德的"平衡"则是中等的城市密度和更少的城市蔓延。不管"平衡"是什么,空间规划都需要格迪斯纵观全局的视野,将城市置于区域背景中,视其为一个有机的整体来直接观察和调研;同时也需要不同领域的专家和实践者共同参与研究,不仅是建筑和城市设计领域,还应包括公共卫生、市政工程、社会学、地理学、历史和经济领域。

对于一个区域、一个城市—区域乃至一个城市(芒福德的"多中心容器")而言,都需要以宽广的视野将其看作有机的、差异化的实体。对于 TVA 而言,这种视野还应该是民主的和对社会负责的。政策应该综合并且灵活,以便于应对不断变化的环境。从业者将不再需要回避风险和试验。

所有这些著者对西欧和美国规划领域的间接影响一直持续至今。不论是否坚信存在于北半球大部分地区的新自由市场的能力、新城市主义的"有机整合",或跨学科且综合的空间规划方法,这些思想遗产仍然产生着影响,只是被忽略了而已。然而,由格迪斯—霍华德—芒福德所构成的社会无政府主义线性系谱的激进本质——联合自治、合作互利以及去中心化——却在国家控制的强大约束下失去了,或者被最近的右翼或是偏右政权给予了完全不同的指涉意义并被重新调整,这或许是最大的损失。

第3章参考文献

[1] Addams J. 1972[1909]. The Spirit of Youth and the City [M]. Urbana, ILL: University of Illinois Press.

[2] Addams J. 1990[1910]. Twenty Years at Hull-House[M]. Urbana, ILL: University of Illinois Press.

[3] Addams J. 2002[1902]. Democracy and Social Ethics[M]. Urbana, ILL: University of Illinois Press.

[4] Bauer C. 1942[1934]. Modern Housing [M]. Boston: Houghton Mifflin.

[5] Dubois W E B. 1898. The Philadelphia Negro [M]. Philadelphia: Lippincott.

[6] Dubois W E B. 1961. The Black Frame[M]. New York: Mainstream.

[7] Geddes P. 1905a. Civics: As applied sociology [J]. Sociological Papers, 1: 1-38.

[8] Geddes P. 1905b. Civics: As concrete and applied sociology, Part II[J]. Sociological Papers, 2: 57-111.

[9] Geddes P. 1968[1915]. Cities in Evolution[M]. London: Ernest Benn.

[10] Hall P. 1988. Cities of Tomorrow: An Intellectual History of Urban Planning and Design in the Twentieth Century[M]. Oxford: Blackwell.

[11] Hayden D. 1981. The Grand Domestic Revolution:A History of Feminist Designs for American Homes, Neighbourhoods and Cities[M]. Cambridge, MA:MIT Press.

[12] Healey E. 1978. Lady Unknown:The Life of Angela Burdett-Coutts[M]. London:Sidgwick and Jackson.

[13] Hill O. 1877. Our Common Land and Other Short Essays [M]. London:Macmillan.

[14] Hill O. 1899. Management of Homes for the London Poor [R]. London:Charity Organisation Society.

[15] Howard E. 1898. Tomorrow:A Peaceful Path to Real Reform [M]. London:Swan Sonnenschein.

[16] Howard E. 1912. A new outlet for women's energy[M]// Pinder D. 2005. Visions of the City. Edinburgh:Edinburgh University Press.

[17] Howard E. 2005. Co-operative housekeeping and the new finance[M]//Pinder D. Visions of the City. Edinburgh: Edinburgh University Press.

[18] Huxley M. 2006. Spatial rationalities:Order, environment, evolution and government[J]. Social and Cultural Geography, 7(5):771-787.

[19] Jacobs J. 1961. The Death and Life of Great American Cities [M]. Modern Library ed. New York:Random House Inc.

[20] Mannheim K. 1940. Man and Society in an Age of Reconstruction[M]. London:Routledge.

[21] Melotte B. 1997. Landscape, neighbourhood and accessibility: The contributions of Margaret Feilman to planning and development in Western Australia[J]. Planning History, 19 (2/3):32-41.

[22] Mumford L. 1917. Garden civilizations in preparing for a new epoch[M]//Hall P. 1988. Cities of Tomorrow:An Intellectual History of Urban Planning and Design in the Twentieth Century. Oxford:Blackwell:148.

[23] Mumford L. 1925. Regions-to live in [J]. Survey, 54:151-152.

[24] Mumford L. 1961. The City in History:Its Origins, Its Transformations, and Its Prospects[M]. London:Secker and Warburg.

[25] Pinder D. 2005. Visions of the City [M]. Edinburgh: Edinburgh University Press.

[26] Sandercock L. 1995. Introduction [J]. Planning Theory, (13):10-33.

[27] Sandercock L. 1996. Making the Invisible Visible:Insurgent Planning Histories [M]. Berkeley:University of California Press.

[28] Sandercock L. 1998. Towards Cosmopolis[M]. New York: Wiley.

[29] Selznick P. 1949. The TVA and democratic planning[M]// Beals R, Fearing F,Robinson W. TVA and the Grass Roots. Berkeley:University of California Press:3-16.

[30] Simkhovitch M. 1938. Neighbourhood[M]. New York:WW Norton & Co.

[31] Spain D. 2001. How Women Saved the City [M]. Minneapolis:University of Minnesota Press.

[32] von Hayek F. 1944. The Road to Serfdom[M]. London: Routledge and Kegan Paul.

第3章重要文献回顾

[1] Ebenezer H. 1965[1899]. The town-country magnet[M]// Ebenezer H. Garden Cities of Tomorrow. Eastbourne:Attic Books:50-57.

[2] Karl M. 1940. The concept of social control:Planning as the rational mastery of the irrational[M]//Karl M. Man and So- ciety in an Age of Reconstruction. London:Routledge: 265-273.

[3] Lewis M. 1961. The myth of megalopolis[M]//Lewis M. The City in History:Its Origins, Its Transformations, and Its Prospects. London:Martin Secker:525-546.

[4] Patrick G. 1905. Civics:As concrete and applied psychology, Part II[J]. Sociological Papers, 2:57-111.

[5] Philip S. 1949. TVA and democratic planning[M]//Beals R L,Franklin F, Robinson W S. TVA and the Grass Roots. Berkeley:University of California Press:3-16.

[6] von Hayek F A. 1944. Planning and democracy[M]//von Hayek F A. The Road to Serfdom. London:Routledge and Kegan Paul:42-53.

第4章 规划:理性的科学管理

> 规划与科学推动了人类掌控世界和自身的进程,从而走向未来增长之路。
>
> ——安德烈亚斯·法鲁迪(Faludi,1973)[35]

本节展现的一系列思想观点围绕着规划作为社会管理过程这一中心概念。这些思想发展于20世纪中叶的美国(参见本部分的导言),作为一种极力倡导的方式,它借助于公共政策实现着西方社会的"启蒙运动"(Friedmann,1987),在"美国梦"中尤其如此。这个美国民族的梦想是一个民主社会,它跟随着物质和精神进步的轨迹,不断向前推进(Menand,2002)。规划是在公共领域的一种理性的科学管理过程,秉持这一理念的人所要面对的挑战是(如何)以"知识"为引导,以科学探索方法为依据,以开放、公平透明的途径来执行,以此形成一种适合民主社会的发展模式。理念的秉持者主张,对发展途径进行引导的政策选择和决策可以通过分析结果与手段的相互关系以及评估潜在影响等方式进行评价。他们认为20世纪50年代美国的规划项目过度强调了政策性的内容,因此发展这些思想其目的的一部分就在于对上述观点进行纠正,另一部分目的是对许多美国城市管治中显而易见的政治操控现象提出质疑(Meyerson and Banfield,1955)。保罗·大卫多夫和赖纳(Davidoff and Reiner,1962)试图去辨识各种具体侧重条件下规划工作的一般特征。

视规划为一种社会管理过程,这种概念最初很大程度上出自20世纪早期的实用主义哲学(参见第8章)。到1950年,这一规划概念在美国以信奉社会共同目标为基础,丹尼尔·贝尔

(Bell,1962)总结了这一目标,即声称意识形态大讨论的时代已经终结。但是随着科学探索中的民主潜力转为"科学管理"的技术手段(Churchman,1979[1968]),实用主义的影响逐渐被边缘化。随着20世纪60年代的社会批判揭示了美国社会的系统性不公平现象,破坏了对共识的假设,实用主义的影响已被削弱。

许多视规划为"科学的"社会管理的人发现他们付出的是一种"英雄的""普罗米修斯式的"努力(Faludi,1973;Etzioni,1967)。审慎地说,这些观点是规范化的,目的在于促使管治向更为民主和更加有效的社会导向发展和转变。这些支持者希望能够就此激发出更好的管理实践(Dyckman,1961),正如之前章节所讨论的思想旨在激发社会和城市思考的新方式。然而,这种转变进程却受着同期经济和管理科学进展的深刻影响。在经济、管理领域,理性过程概念在技术操作化方面在朝高度重视效率和有效性的方向发展,而不是朝着作为社会和道德工程的民主化方向迈进(Dyckman,1966)。这种影响同样促使支持者们把由政府部门和公共政策制定所构成的世界视为由各种机构组成,且这些机构如同个人一样,也有着预设的利益和偏好。如何根据不同偏好对各方利益的影响,制定一种能够在这些偏好中做出"民主"选择的机制,为当时的一大挑战。

20世纪50年代,关于如何应对这一挑战甚至引发了一场论战。论战的一方旨在通过社会或是城市转变战略的"大跃进"来实现这一转变,另一方则提倡构建经济模式用以比较策略之间的边际差,从而把关注的焦点集中在了渐进式变动而不是主要转变的本身。综合理性式社会选择过程的"渐进主义"替代了由查尔斯·林德布洛姆创新提出,并发展为一种"党派相互调适"的策略,作为替代了传统民主的"智慧"(Lindblom,1959;1965)。阿米泰·伊兹奥尼试图以混合审视的比拟来找寻协调理性主义与渐进主义的方法(Etzioni,1967)。他认为政府需要做的只是在某些情况下进行宏观决策,而日常的政策制定流程所需的是渐进决策。两种方式均认为社会选择——代表了公民的公共机构所做的选择,应该在科学探究下的详细论证后进行。

规划师和经济学家打着政策制定的"理性"思想的旗帜,进入了两片 20 世纪 50 年代开辟出的实践领域,一片领域是所谓的"发展中"世界的国民经济发展,另一片领域是美国城市的发展。随着规划方法的演化,理性思想逐渐成为一种政策发展技术,它影响着众多"发达"国家的国际援助机构和公共行政机关(Friedmann and Weaver,1979)(可参见第 6 章)。在欧洲,理性思想的原则成为 20 世纪 60—70 年代一些国家城市和区域规划立法改革的基础。对此可以通过诸如影响分析、指示物、目标以及监督等词汇,在 20 世纪 90 年代以"新公共管理"著称的公共行政重建运动中找寻其踪迹(Ferlie et al,1996;Sager,2009)。但是随着"理性"政策制定程序的技术和实践的发展,最初的转变目标逐渐弱化,如同美国的进步民主主义梦想那样停步不前。

理性方法中的核心概念是,有关未来发展的公共政策应该以"理性"的方式进行制定。依照大卫多夫和赖纳的观点(Davidoff and Reiner,1962)[11],规划是以理性的方式进行社会选择的"一系列过程"。这一语境中的"理性"概念所指的并不仅仅是其包含理论论证过程,而是论证是通过系统性逻辑推理进行的。从需要实现的目标开始直至对实现目标的障碍的分析,均运用了"科学"方法。从这些分析来看,政策的选择范围是可以确定的。对于这些选择的评定标准则源于既定目标所体现的价值前提。而论证本身的这种线形逻辑形式对于政策的制定者和评判者来说是透明的,在理论上为抵抗政治操控提供了力量。因此可以说,规划提供了一种高级理性,以专业信息支撑了公共政策决策。当聚焦于社会发展或是城市发展时,规划就为我们提供了一种更为整体、全面、长远的发展视角(Dyckman,1961)。规划的目标若表述为民主社会下个人潜能的不断提升,总是颇有些含糊不清。法鲁迪(Faludi,1973)试图以他的"人类成长"理念来更准确地阐述这一目标。

民主社会中各种价值观存在着产生冲突的可能性,同时有关未来发展的社会选择也具有复杂性,对此理性方法的倡导者十分了解。但是他们相信政治家和规划专家共同努力就能够达到切实可行的抉择。政治家被指派的角色就是担当由选举产生的评判价值观的代表。专业规划师则利用科学探究方法为进行抉择提供结构性基础（Davidoff and Reiner，1962）。因而，这种关系与欧洲大陆的公共行政管理中所倡导的大相径庭，后者由政治家来制定法律，再由政府官员来"执行管理"，将法律变成官僚规则。理论上，这种模式也能为公共决策提供一定的透明度，但是需要假定未来的需求、需要前后条件能够预先确定并且适用于控制性发展规划，但它没有顾及预料之外的演化。人们期待专业规划师遵循理性过程以展开分析，以更有见地、更为创新的方式来探究未来的端倪。为此，应鼓励政治家制定更为灵活的政策而不是墨守成规。愿景与具体目标，或者说价值观表现，应成为发展政策的指导原则而不是行政管理的执行条例。

　　"科学方法"是这种"理性"决策概念的核心。其概念有广义和狭义两种理解。广义上，它指一种持续的、批判性探索的态度和实践，以经验性调研和深入的论证为知识来源。这与实用主义哲学家约翰·杜威所倡导的科学方法概念形成呼应（参见第8章）。狭义上，该方法是一种"逻辑实证主义"，其核心是科学定律和依据经验证据对前提假设的验证，以此来发展总结社会变迁过程中的原则和规律（Davidoff and Reiner，1962）。反过来，人们开始期望利用这些规律和原则来构建多种社会"体系"模型。一些倡导者相信体系之间的关系是可以通过数学语言加以阐释的，因此对政策选择的实验性验证可以在一个反映"真实"世界的模型当中进行。

　　社会对于发展道路的理性选择需要这种"科学"的概念，它激发规划师和其他人员进行了一系列工作，他们正试图建立全面、动态化的城市体系模型，试图协助重大的交通和土地开发决策。按照这种方式，个人以及如公司这样的个体机构的行动，以某种关联局部与整体的系统性联系为背景而组织在了一起。城市体系模型的倡导者对随机的、概率性的数学抱有极大的期望，希望以此建立多变量的复杂开放体系模型（Chadwick，1978 [1971]）。这些思想借鉴了自然科学"生态系统"的概念以及军事科学中自主式制导导弹的原理,它们的发展在运筹学和管理学领域表现得尤为突出,并被逐渐移植到规划领域当中。以丘奇曼(Churchman,1979[1968])为代表的一些持有"系统"观点的支持者清楚地意识到,对于纷繁复杂的城市系统来说,构建具有决定论性质和预测性的现象模型是有局限性的,而其他学者如杰伊·福雷斯特(Forrester,1969)却极力提倡该模型的建构事业。正如英国曼彻斯特大学的两位作者麦克洛林(McLoughlin,1969)和查德威克(Chadwick,1978[1971])在他们的著作中研究的那样,城市系统可以理解为等级排序结构,其局部通过联系成为一个系统,而该系统反过来又成为另一个更大的系统结构中的一部分。一个系统不应该被理解为一台工作的机器,而是一个不断演化的体系(McLoughlin,1969)。这种系统的动态性需要与广阔的外在环境不断进行交互作用,并通过形成重新构建动态平衡的连续需求来维持系统"处于正轨上"。这一轨道是一种向上的发展轨迹——或称之为"人类成长",是通过不断的学习和增加"智慧"来实现的,而这种智慧是在与系统环境进行动态交互作用下积累的。20世纪60年代构建模型的尝试在20世纪70年代受到了猛烈的批评(Lee,1973;Rittel and Webber,1973)。然而,一些倡导者对系统的动态性持有不那么强烈的决定论观,为以后复杂系统模型的构建提供了启迪,并融入了复杂性科学的发展当中(参见第12章)。

看似矛盾的是,这些自我调控和学习的系统是需要"操控"的。麦克洛林(McLoughlin,1969)不仅将操控机制等同于政府行为,还等同于一个英国地方政府规划部门所起到的作用。他设想了一个这样的机构,它能提供"调控式控制系统"以防止城市和区域系统远离平衡状态。此类控制系统就使整个系统保持在正轨上,就像麦克洛林做过的一个著名的类比那样——"舵手掌舵船只"(McLoughlin,1969)[68]。"规划"——麦克洛克林所设想的是这一时期的典型城市发展规划——充任着一种重要的管理装置,这也是论证的基础,而对于进行控制性操作的规划师来说,又是他们的行动指南。通过这种系统性的管理,不断演变着的城市动态因素所呈现的混乱、复杂的局面又调控到了"平衡"的状态。

那些倡导这种规划概念的人所提出的议题不断地回响在规划领域,但是很快这些议题便引来了批评声。对于很多人来说,这是一个困扰着所有新方法倡导者的问题。对社会经济发展和城市规划与城市更新战略的案例分析揭示出,"英雄式的理想"与政府和公共政策实践的"实际现实"之间似乎总有着很长的一段路要走(Meyerson and Banfield,1955;Wildavsky,1973)。已经确立起来的管理规范并不会在知识更广、更具逻辑性的科学管理面前逐渐消失。相反,当不同的政治和管治模式相遇时才会产生对抗,而斗争是在行政官僚主义及其附庸的支撑系统之文化思想与新思想之间展开的。由此,有些人从反面提出了质疑。他们不相信专家作为"科学"的守卫者而政治家作为"价值"的监护者的这种区分可以保持,并且认为在民主社会中应该给予公民更多参与政策制定的权限。

大卫多夫起初主张在分析上将事实与价值分开(Davidoff and Reiner,1962),但若干年之后他改变了这种想法,转向推行在民主社会中展开由公民参与的富有生机和知识性的讨论活动,并阐述了其重要性。如果事实和价值是彼此交织的,那么在一个充满多元化社会群体的社会中,更可能以多元化的方式来表达需要考虑什么样的事实,对于政策选择及其影响应做出怎样的判断。对此,大卫多夫(Davidoff,1965)主张应该鼓励所有群体为城市的发展做规划,且民主化讨论应该依照不同方案的相对优劣性来开展。规划师应该作为不同群体的顾问进行倡导性工作,而不是将为代议制政府提供专家意见作为参与民主决策制定的最高形式。这使得众多规划师为了劣势社区的利益而投身于倡导式工作和社区发展中来(Goodman,1972)。

大卫多夫得出的结论被其他批评家沿袭,认为专家规划师在科学探究和体系搭建的过程中没有保持价值中立立场。法鲁迪认为由于规划所取得的成就都贡献给了"人类成长"事业,规划作为一项理性的科学管理在任何情况下都不应当保持价值中立。但是也有人指出，从目标到分析这整个明显的逻辑推理过程中，方法的构成以及评价、政治家决策选项的组织安排，这些所有的假设和逻辑上的飞跃都是由"专家"来完成的。这些过程的实现主要依赖于限定在特定认识论中的概念和价值，这些认识论用于对系统进行描述并对其中的关系进行分析。正如迪克曼（Dyckman, 1966）所主张的那样，这些认识论由经济学原则所主导，特别是20世纪中期的福利经济学。迪克曼认为这种做法极大地忽视了政策对于特殊社会群体影响力的理解，这些群体中的一部分在体制上处于美国社会中的不利地位。像大卫多夫一样，迪克曼着重思考的不只是工薪阶层和更为穷苦的移民，也关注那些因置身于美国社会的种族不平等当中而处于劣势的人。在20世纪60年代，随着民权运动步伐的加快，这些批判渐渐风起云涌。迪克曼认为对美国的拯救措施是重申美国的社会目标。相比较而言，阿恩斯坦（Arnstein, 1969）则提倡激进的基层动员。在她著名的比喻——"公民参与机会的阶梯"当中，她建议参加抗议的团体不要仅仅是提供征询意见，因为这只是为公共政策添上了参与的合法性光环；相反，她建议各团体应该通过政治动员来控制议程的设置。

系统性不公的存在支持了对"虽然是资本主义社会，但仍存在'多元化'"这一观念的批判。在美国民主理想中，不同社会群体的多元化与某种具有凝聚力的价值观信念共存，即在民主背景下全民的物质进步是有可能的。但是结构上的缺陷削弱了这一理想。在20世纪60年代末的欧洲，系统性不平等被资本主义系统自身的运行所证实。马克思主义政治经济学的蓬勃复兴证实了一系列结构上的不公平，它们深藏在西方社会固有的制度安排当中，使得资本主义能够剥削工人的劳动（参见第6章）。虽然马克思的历史唯物主义也受类似信念的启示，即科学探索能够揭示社会发展的规律，但是马克思主义对社会发展轨迹的看法与美国梦式的进步概念有很大的不同，前者是通过阶级之间的斗争而不断演变，后者则形成了视规划为理性科学管理的观念。城市政治经济学家批评这种理性模型过于理想化，其是对背景和内容当中某些偶然事件的抽象概括,也是对为了控制生产、消费和交换等环节而进行斗争这一一般过程的概括(Thomas,1982;Scott and Roweis,1977)。然而,正像泰勒(Taylor,1984)所观察的那样,这一批评本身就是在抽象的意识形态斗争的语境下进行的。

离开这个思想领域之后,其他政策分析学家和规划师开始另辟他途寻找灵感,特别是探索政策工作在实际中是如何执行的。研究者受到了普莱斯曼和亚伦·威尔达夫斯基(Pressman and Wildavsky,1973)在20世纪70年代早期研究工作的启发,致力于探索政策"实施"的过程以及在管治情境中参与者的社会世界。巴雷特和富奇(Barrett and Fudge,1981)认为仅制定政策是不够的,它们还需要能够落实。这意味着需要对制度环境下人们如何行动的这种微观动态进行观察,以确定政策制定、资源分配以及监管之间的关联是如何建立的。巴雷特和富奇得出的结论是,政策和行为的关系不是线性的而是相互作用的。通过这种微观政治的相互作用,社会秩序可以通过协商制定,同时形成体制上的文化。这打开了思路,使得人们更加重视透过社会学和制度主义视角来研究规划领域中的管治过程。到了20世纪80年代,规划工作早已不是"英雄式的"。运筹学研究者弗伦德和希克林(Friend and Hickling,1987)仍然发展了作为理性的科学管理的规划模式,将规划工作看成是一项技能,它能在面对不确定性和复杂性时产生创新性的思考和行动能力。启迪弗伦德和希克林思想的实践舞台其核心是利益相关者之间的合作活动,它较之雄心勃勃的综合城市规划或社会发展实际得多。

对于20世纪中期规划作为理性科学管理的一系列过程这一看法的倡导,为日后思考规划领域的发展带来了巨大的思想活力和希望。后来的批评家对于这些思想的粗略描述经常忽视了这些倡导所要表达的要点,曲解了倡导下的工作。视规划为理性科学管理的倡导者对理性的本质、结果与手段、事实与价值之间的错杂关系进行着争论和探索。他们讨论个人与社会秩序的关系,意识到任何规划方面的努力都需要认清社会发展过程的复杂性,大到国家小到城市都是如此。同时,他们对于社会和管治过程的变迁产生了兴趣。或许,他们馈赠给21世纪最重要的遗产是下述信息:管治进行的方式很重要;政策制定的内在联系是什么、为什么存在、如何进行;政策"如何"制定、应该与制定"什么"样的政策一样。这些均成为正规提案所涉及的主题。

第4章参考文献

[1] Arnstein S R. 1969. A ladder of citizen participation[J]. Journal of the American Institute of Planners, 35:216-224.

[2] Barrett S, Fudge C. 1981. Policy and Action[M]. London: Methuen.

[3] Bell D. 1962. The End of Ideology:On the Exhaustion of Political Ideas in the Fifties[M]. New York:Free Press.

[4] Chadwick G. 1978[1971]. A Systems View of Planning[M]. Oxford:Pergamon Press.

[5] Churchman C W. 1979[1968]. The Systems Approach[M]. 2nd ed. New York:Dell Publishing.

[6] Davidoff P. 1965. Advocacy and pluralism in planning[J]. Journal of the American Institute of Planners, 31:331-338.

[7] Davidoff P, Reiner T A. 1962. A choice theory of planning [J]. Journal of the American Institute of Planners, 28:103-115.

[8] Dyckman J W. 1961. Planning and decision theory[J]. Journal of the American Institute of Planners, XXVII:335-345.

[9] Dyckman J W. 1966. Social planning, social planners and planned society[J]. Journal of the American Institute of Planners,32:6-76.

[10] Etzioni A. 1967. Mixed-scanning:A third approach to decision-making[J]. Public Administration Review, 27: 5, 385-392.

[11] Faludi A. 1973. Planning Theory[M]. Oxford:Pergamon

Press.

[12] Ferlie E, Ashburner L, Fitzgerald L, et al. 1996. The New Public Management in Action[M]. Oxford:Oxford University Press.

[13] Forrester J. 1969. Urban Dynamics[M]. Cambridge, MA: MIT Press.

[14] Friedmann J. 1987. Planning in the Public Domain [M]. Princeton:Princeton University Press.

[15] Friedmann J, Weaver C. 1979. Territory and Function[M]. London:Edward Arnold.

[16] Friend J, Hickling A. 1987. Planning Under Pressure:The Strategic Choice Approach[M]. Oxford:Pergamon Press.

[17] Goodman R. 1972. After the Planners [M]. Harmondsworth:Penguin.

[18] Lee D B. 1973. Requiem for large-scale models[J]. Journal of the American Institute of Planners, 39:163-178.

[19] Lindblom C E. 1959. The science of muddling through[J]. Public Administration New York, 19:2, 79-99.

[20] Lindblom C E. 1965. The Intelligence of Democracy[M]. New York:Free Press.

[21] McLoughlin J B. 1969. Urban and Regional Planning:A Systems Approach[M]. London:Faber and Faber.

[22] Menand L. 2002. The Metaphysical Club [M]. London: Flamingo, Harper Collins.

[23] Meyerson M, Banfield E. 1955. Politics, Planning and the Public Interest[M]. New York:Free Press.

[24] Pressman J L, Wildavsky A B. 1973. Implementation:How Great Expectations in Washington are Dashed in Oakland [M]. Berkeley, CA:University of California Press.

[25] Rittel H, Webber M M. 1973. Dilemmas in a general theory of planning[J]. Policy Sciences, 4:155-169.

[26] Sager T. 2009. Planners' role:Torn between dialogical ideals

and neo-liberal realities［J］. European Planning Studies，17：65-84.

[27] Scott A J，Roweis S T. 1977. Urban planning in theory and practice：A reappraisal［J］. Environment and Planning A，9：1097-1119.

[28] Taylor N. 1984. A critique of materialist critiques of procedural planning theory［J］. Environment and Planning B (Planning and Design)，11：103-126.

[29] Thomas M. 1982. The procedural planning theory of A. Faludi［J］. Critical Readings in Planning Theory，22（2）：13-26.

[30] Wildavsky A. 1973. If planning is everything maybe it's nothing［J］. Policy Sciences，4：127-153.

第4章重要文献回顾

[1] Andreas F. 1973. The rationale of planning theory［M］// Andreas F. Planning Theory. Oxford：Pergamon Press：35-53.

[2] Brian M J. 1969. The guidance and control of change：Physical planning as the control of complex systems［M］// Brian M J. Urban and Regional Planning：A Systems Approach. London：Faber and Faber：75-91.

[3] Charles E L. 1973. The science of muddling through［M］// Andreas F. A Reader in Planning Theory. Oxford：Pergamon Press：151-169.

[4] John W D. 1966. Social planning, social planners and planned societies［J］. Journal of the American Institute of Planners，32：66-76.

[5] John F，Allen H. 1987. Foundations［M］//John F，Allen H. Planning Under Pressure：The Strategic Choice Approach. Oxford：Butterworth-Heinmann：1-26.

[6] Paul D，Thomas A R. 1973. A choice theory of planning

　　　　［M］//Andreas F. A Reader in Planning Theory. Oxford: Pergamon Press:11-39.

［7］　Paul D. 1965. Advocacy and pluralism in planning［J］. Journal of the American Institute of Planners,31:331-338.

［8］　Sherry R A. 1969. A ladder of citizen participation［J］. Journal of the American Institute of Planners,35:216-224.

［9］　Susan B,Colin F. 1981. Examining the policy-action relationship［M］//Susan B,Colin F. Policy and Action. London: Methuen:3-32.

［10］　Stephen V W. 2003. Re-examining the international diffusion of planning［M］//Robert F. Urban Planning in a Changing World:The Twentieth Century Experience. London:E & FN Spon:40-60.

第二部分　政治经济学、多样性和实用主义

第 5 章　导言：政治经济学、多样性和实用主义

没有骚乱！只有时尚！
——菲利克斯·瓜塔里[(Guattari,1986)21，出自本科的文章(Benko,1997)18]

　　与 20 世纪 60 年代盛行的理性科学管理相比，70 年代及后来发展起来的理论激进地彰显了不同的意识形态和思想，反映出西方学者新的关注点，这包括国际主义和全球化，来自南半球的声音，一系列声援妇女、同性恋、少数民族的权利和环境等问题的社会运动，以及对被感知到的压迫的反抗。理论学者开始更多地关注过程与权力、剥削与边缘化、竞争与抵抗。但正如实用主义哲学家理查德·罗蒂(Rorty,1979)315所说："对知识的渴望是种对约束的渴望——渴求找到能够附着的'根基'。"在本部分中，我们摆出了几种理论化的"对知识的渴望"——例如批判政治经济学；以及对上述"知识"的抵抗，这是通过对其他各种各样的知识的渴望表现出来的，那些知识本身也在冒着被约束、被物化和被均质化的风险。

　　在 20 世纪 60 年代晚期和 70 年代，关注规划的政治经济学家主要在马克思主义思想领域内根据权力斗争学说对权力和权威问题进行理论化。这种受到马克思主义启发而进行的理论化，在一定程度上是出自对居主导地位的资本主义和民主的社会学理论(例如美国的塔尔科特·帕森斯学说)的回应，该理论对个人、对选择给予了优先权。"自由企业"和"顾客选择"在当时是流行语，是与共产主义相对的"自由世界"所能拥有的利益的缩影。在将规划实践理论化的过程中，这些想法受到包括卡

尔·曼海姆等在内的作者的拥护(参见第一部分)。在冷战(尤其是在美苏两国之间)和19世纪帝国主义"强权"之下所产生的殖民地争取独立的背景下,对维护盛行的资本主义权力关系的"中产阶级意识形态"的批判,使得人们看到了受资本支配的镇压和权力关系系统下的不平等现象。温恩(Venn,2007)[118]按时间顺序记载了马克思主义理论的兴盛过程,"新左翼狂潮"(由英国的斯图尔特·霍尔引领)、德国法兰克福学派(赫伯特·马尔库塞、西奥多·阿多诺、马克斯·霍克海默、尤尔根·哈贝马斯等人)发展的批判性理论、法国的结构主义(费迪南·德·索绪尔、罗兰·巴特、克洛德·列维-斯特劳斯)、历史学家们(包括埃里克·霍布斯鲍姆)和对帝国主义殖民地话语的批判(弗朗茨·法农、安德鲁·贡德·弗兰克等人)也证明了这一点。

对马克思思想更为细微的诠释逐渐开始出现。阿尔都塞的《保卫马克思》[①]和《读资本论》[②]成为重构意识形态、主观性和一般理论的关键性著作。此外,葛兰西的《狱中札记》[③]的英文翻译版也非常重要,它开辟了新的理论领域,挑战了过于机械、教条的马克思主义读本中的决定论和化约主义。尽管葛兰西和阿尔都塞都拒绝经济主义,并坚持在意识形态上独立于决定论,不过比起阿尔都塞的结构主义,葛兰西的思想具有更多的人文关怀。葛兰西关注人类主观性,并留给我们一个术语"霸权"——社会上的从属阶级愿意接受上层阶级在社会和经济上的控制。对于阿尔都塞而言是意识形态把人类势不可挡地转变为物体,但葛兰西却强调斗争的潜力、强调为霸权或为反对霸权而斗争。

此时,大部分经验性研究都是由美国学者进行的,他们受政府基金"国外研究"的资助来进行"另一种生活方式"的细致研究工作(Calhoun et al,2007a)[3]。卡尔霍恩等人解释说,美国政府认为"需要研究其他社会的专家"以便与苏联"有效地竞争",并促使其他国家步入美国式资本主义民主的"现代化"而不是"有问题的共产主义式"现代化(Calhoun et al,2007a)[3]——美国/中央情报局在印度尼西亚、越南、乌拉圭、玻利维亚、智利、安哥拉、尼加拉瓜、阿富汗及其他地区的干预行动见证了这一切(参见第

① 英文书名为 For Marx,法文原版名为 Pour Marx——译注。
② 英文书名为 Reading Capital,法文原版名为 Lire le Capital——译注。
③ 英文书名为 Prison Notebooks——译注。

2章)。不过,也有来自活动家和学者的异议传出,这包括安德鲁·贡德·弗兰克(Frank,1967)、对新版"复兴马克思主义"提出了不同见解的约翰·弗里德曼和克莱德·韦弗(Friedmann and Weaver,1979),伊曼纽尔·瓦勒施泰因(Wallerstein,1974)通过世界体系理论也进行了例证。瓦勒施泰因指出,在一个由资本主义贸易主导的世界中,靠经济来衡量的"发展"和"进步"不仅与贸易竞争也与政治控制联系在一起。经济上最贫困的国家不可能通过简单复制北半球工业化国家的先例而变得"富有"。这一挑战即人们所熟知的现代化理论,它使人们注意到重要的新问题,这包括去质疑直线式的、单向的进步概念——它通过科学和民主而被纳入"美国梦"式的进步中,反对将社会简单地分为"未发展的""发展中的"等类别,并强调权力和国家所扮演角色的重要性。

对此,出现了一种同时考虑经济和社会管理问题以提高生产效率的新理论。对"结构"和"能动性"以马克思主义的方式进行理论化(就像阿尔都塞做的那样)会出现固有的问题。认识到这一问题后,研究调节问题的理论学者引入了积累体制概念和调节模式。在20世纪80年代早期的文献中,有关调节这一概念的论述经常展现其马克思主义根源,并指明了"对于再生产而言什么是必要的"(Lipietz,1997)[253]。在各国各学科(包括经济、地理和政治学等)学者的努力下,调节理论在20世纪90年代得到全面发展(Benko,1995)。鲍勃·杰索普、亚当·提克尔、杰米·佩克等作者(Jessop,1990;Tickell and Peck,1992;Peck and Tickell,1995)依据最近的经济全球化发展,关注着更早时期对调节进行历史性理论化的不足之处——这种理论化工作希望将国家—州层面的福特主义体系具体化。调节理论的价值在于它识别出成组的抽象社会关系(资本之间、雇佣劳工和资本之间、资本和国家之间的关系),而正是这些关系构成了社会,该理论还追溯这些关系如何在资本积累体制和社会关系模式在空间上的中间级别上得到体现(Tickell and Peck,1992;Peck and Tickell,1995)。如此一来,该理论之前的重点就忽略了尺度和社会政治性问题。与调节相关的研究变得如此多样化,以至于无法对"调节理论"进行概括。例如,杰索普认识到国家像资本一样是一种社会关系,对它的分析需要对国家这种"复杂的制度性整体"进行考察,其"具有能够反映并调整政治斗争中力量平衡的特殊的'战略选择性'模式"(Jessop,2000)[349],并且要考虑这些力量的建构及力量之间的斗争。在乔·佩因特(Painter,1995)的著作中,这种国家概念与规划之间具有清晰的关系。在制度主义(第11章)和复杂性理论(第12章)下的规划研究中,杰索普的思想也得到了应用和发展。

恐怕许多学者都会认为,1989年以后共产主义的坍塌让受马克思主义和政治经济学启发的理论变得无关紧要。英奇和马歇尔(Inch and Marshall,2007)指出,规划的政治经济学理论在过去10年中在英国已经被边缘化,只有迈克尔·爱德华、安迪·索恩利和杰米·佩克等学者的研究工作是例外。大家已经极少讨论阶级问题,似乎普遍被对话语的分析(尤其是受到米歇尔·福柯的著作的影响)以及对20世纪80年代晚期和90年代在理论界流行的多样性的考虑所取代。然而,正如卡尔霍恩等人(Calhoun et al,2007b)所指出的,马克思和恩格斯比最近对全球化的"发现"早差不多150年就看出了全球化的趋势:"对世界市场的剥削,使得每个国家的生产和消费都具有世界性特征⋯⋯过去那种地方的和民族的闭关自守和自给自足的状态,现在已经被各民族、各方面的互相往来和互相依赖所取代"(Marx et al,1976[1848])[488]。

许多对多样性的最新研究,都受到20世纪60年代甚至更早对个人/社会关系理论化的影响。例如,伯杰和拉克曼(Berger and Luckmann,1967)发展了舒茨(Schutz,1960)关于主体间性的概念,来探究社会知识的建构如何反映社会关系和日常生活社会(Calhoun et al,2007a)。与这种基于现象学的方法相比,米德(Mead,1934)基于实用主义的理论而关注实践经验和公众参与在知识形成方面的价值,美国的芝加哥城市俱乐部④是这一理论的继承者(参见第一部分的导言)。米德于1912

④ 英文全称为 City Club of Chicago, 1903 年创立,其目的是培养市民的责任感、推动公共事务,并为公开的政治辩论提供一个平台——译注。

年对俱乐部的演讲中这样说道：

> 这绝对是城市俱乐部支持的，但正如之前已经说过，有一个城市俱乐部应当代表但以前并未代表过的巨大的群体。我们没有代表或许被标识为劳工的社区大众。我们探讨过住房，但我们没讨论过住在那些早就该被推倒的房子里的人民大众。我们做城市规划，而这种城市规划并没有将城市本身的广大内涵加以考虑。它只考虑了城市的某一部分。我们关注交通、公共卫生、健康，但是我们没有关注那些遭受摆在我们面前的这些问题困扰的人们（Mead, 1912）[215]。

对社会知识建构、实际生活经验和公共政策制定参与进行理论化，不仅需要关注马克思主义者展示过的阶级问题，更需要关注种族、民族、性别、性取向、身体能力等问题。对多样性进行研究，不平等、差异和斗争的问题也会被带出，并呼吁优先考虑这些问题的可视化（如在流行音乐、电影和戏剧当中）和理论化。尽管可以说"方向和问题的丰富，并不利于对需要做什么达成协议——虽然这意味着要在理论工作中付出大量努力"，但是上述呼吁仍然十分有力（Venn, 2007）[120]。

理论化本身几乎和被理论化的题材一样，也变得多元化和多样化。理论学者追随克利福德·格尔兹（Geertz, 1973）创立的诠释人类学或詹姆斯·克利福德的校勘人类学，将多样性问题与身份问题联系起来。"第二性"[⑤]已经传入人类学并迅速向其他社会科学扩散，这包括地理学和规划。

对多样性进行识别并理论化，这是否阐述了后现代主义思想与现代主义思想的决裂（就像第 6 章和第 7 章所显示的），在这一点上也存在诸多争议。虽然对现代性和后现代性的诠释几乎没有达成共识[⑥]，但似乎确实可以将现代性的逻辑描述为"三大坐标轴及其限定条件：生产—组织—权力"（Benko, 1997）[7]。与之形成对比，后现代性的逻辑可以描述为破裂、碎片化和矛盾，它是"一种文化逻辑，它支持相对主义和多样性；一套思想过程，可以向世界提供极度不固定的、动态的意义结构；最后一种

⑤ 西蒙娜·德·波伏瓦（Beauvoir, 1953［1949］）是第一个将黑格尔的第二性概念用于描述男性主导文化将女性视为相对于男性的第二性的人。立陶宛籍法国哲学家伊曼纽埃尔·列维纳斯（Levinas, 1961）对这一术语在当代的界定和应用做出了贡献，即在层级式二元对立下的一种单体"更有特权"或更优越，而"第二性"（或他者）在某种程度上被贬低（Cahoone, 2003）。

⑥ 例如，参阅费瑟斯通、罗瑟诺、本科、卡厚恩、詹克斯的文献（Featherstone, 1988; Rosenau, 1992; Benko, 1997; Cahoone, 2003; Jencks, 2007）。

社会特征的构型,意味着根本性变动的发展"(Benko,1997)[11]。

不过,主流文化对后现代主义和多样性的接受,可能造成第二性被吸纳或同化的危险,因而丧失多样性。或者,对马赛克式"多元文化"政策不加批判地执行,可能会导致人们重新被隔离为形形色色的圈子,且在秉持着的主体位置⑦是基于特定历史条件形成的观点下,相互之间就受关注程度和资源而竞争。这样一种思想轨迹不仅远远没有形成和谐的共同接受甚至是宽容,似乎还会导致对抗的升级,这一点将在第三部分中进行讨论。

那么,还有其他方法吗? 第 8 章所收录文献的作者们提议用实用主义作为处理这些问题的"新"的稳健的理论方法。实用主义作为一种哲学立场,反映的并不是其"一般"意义,即"没有原则的、目标导向的、缺乏道德支撑点的政策"(Dickstein, 1998)[2],它强调的是知识在实际经验和交流中的基础作用有多大。

迪克斯坦(Dickstein,1998)[11] 解释说,当后现代理论家宣称"宏大叙事"的死亡和新左翼批判政治经济学的解体时,"美国人发现实用主义者已经首先到达,并发展出一种知识的怀疑主义理论以及对本质主义和基础主义的清晰批判,但却没有滑向虚无主义,而是强调了语言和文脉的偶然性"。至少在美国,不同领域的学者重新发现了约翰・杜威、查尔斯・桑德斯・皮尔士和威廉・詹姆斯的"老"实用主义,及理查德・罗蒂和理查德・伯恩斯坦的"新"实用主义。20 世纪 80 年代和 90 年代后期的实用主义已经成为"一片广阔的正在发生思辨的领域,而不是一种发霉的历史遗产"(Dickstein,1998)[11]。规划理论学者如约翰・福雷斯特、查尔斯・霍克和尼拉杰・维尔马也已令实用主义重焕活力,并且将其用于空间规划。

因为就规划所起的作用的看法已得到发展,所以第二部分的文献涵盖了过去 30 年间西方世界中大量规划的和规划中的理论和实践。正如约翰・杜威约 90 年前所写的:"经验其重要的形式是实验性的,是一种想改变现状的努力;它的特征是映

⑦ 英文名为 Subject-positions。以"主体位置"取代主体是结构主义与后结构主义研究的一个主要议题,它取代了被批判的"主体"概念——译注。

射、是迈向未知，与未来的连接是其最突出的特征。"——这句话将第二部分、第三部分完美地联系在一起。

第 5 章参考文献

[1] Althusser L. 1969[1965]. For Marx[M]. New York:Pantheon Books.

[2] Althusser L,Balibar E. 1970[1969]. Reading Capital[M]. New York:Pantheon Books.

[3] Beauvoir D S. 1953[1949]. The Second Sex[M]. New York: Alfred A. Knopf.

[4] Benko G. 1995. Theory of regulation and territory:An historical view[M]//Benko G,Strohmayer U. Geography, History and Social Sciences. Dordrecht: Kluwer:193-210.

[5] Benko G. 1997. Introduction:Modernity, postmodernity and the social sciences[M]// Benko G,Strohmayer U. Space and Social Theory. Oxford:Blackwell:1-44.

[6] Berger P,Luckmann T. 1967. The Social Construction of Knowledge[M]. New York:New American Library.

[7] Cahoone L. 2003. From Modernism to Postmodernism:An Anthology[M]. Oxford:Blackwell.

[8] Calhoun C,Gerteis J, Moody J, et al. 2007a. Contemporary Sociological Theory[M]. 2nd ed. Malden, MA:Blackwell.

[9] Calhoun C,Gerteis J, Moody J, et al. 2007b. Classical Sociological Theory[M]. 2nd ed. Malden, MA:Blackwell.

[10] Clifford J. 1983. On ethnographic authority[J]. Representations,2(1):118-146.

[11] Dewey J. 1977[1917]. The need for a recovery of philosophy [M]//Sidorsky D. Creative Intelligence:Essays in Pragmatic Attitude. New York:Harper and Row.

[12] Dickstein M. 1998. Introduction:Pragmatism then and now [M]//Dickstein M. The Revival of Pragmatism. Durham, NC:Duke University Press:1-18.

[13] Featherstone M. 1988. Postmodernism[M]. London:Sage.

[14] Friedmann J, Weaver C. 1979. Territory and Function[M]. London:Edward Arnold.

[15] Frank G A. 1967. Capitalism and Underdevelopment in Latin America:Historical Studies in Chile and Brazil[M]. London: Monthly Review Press.

[16] Geertz C. 1973. The Interpretation of Cultures[M]. New York:Basic Books.

[17] Gramsci A. 1971[1949—1953]. Prison Notebooks[M]. London:Lawrence and Wishart.

[18] Guattari F. 1986. Limpasse post-moderne[J]. La Quinzaine Littéraire, 456:21.

[19] Inch A, Marshall T. 2007. A review of recent critical studies of UK planning[J]. International Planning Studies, 12(1):77-86.

[20] Jencks C. 2007. Critical Modernism:Where is Postmodernism Going? What is Postmodernism [M]. London: Academy Group.

[21] Jessop B. 1990. Regulation theories in retrospect and prospect [J]. Economy and Society, 19:153-216.

[22] Jessop B. 2000. The crisis of the national spatio-temporal fix and the ecological dominance of globalising capitalism[J]. IJURR, 24(2):323-360.

[23] Lipietz A. 1997. Warp, woof and regulation:A tool for social science[M]//Benko G,Strohmayer U. Space and Social Theory. Oxford:Blackwell:250-284.

[24] Levinas E. 1961. Totality and Infinity:An Essay on Exteriority[M]. Pittsburgh:Duquesne University Press.

[25] Marx K, Engels F. 1976[1848]. Manifesto of the Communist Party[M]. London:Lawrence and Wishart:477-519.

[26] Mead G H. 1934. Mind, Self and Society[M]. Chicago:University of Chicago Press.

[27] Mead G H. 1912. Remarks on labor night concerning partici-

pation of representatives of labor in the city club[J]. City Club Bulletin,5:214-215.

[28] Painter J. 1995. Regulation theory, post-Fordism and urban politics[M]//Judge D, Stoker G, Wolman H. Theories of Urban Politics. London:Sage.

[29] Peck J, Tickell A. 1995. The social regulation of uneven development[J]. Environment and Planning A, 27:15-40.

[30] Rabinow P. 1996. Essays on the Anthropology of Reason [M]. Princeton:Princeton University Press.

[31] Rorty R. 1979. Philosophy and the Mirror of Nature[M]. Princeton:Princeton University Press.

[32] Rosenau P. 1992. Postmodernism and the Social Sciences [M]. Princeton:Princeton University Press.

[33] Schutz T. 1960. Phenomenology of the Social World[M]. Evanston, IL:Northwestern University Press.

[34] Tickell A ,Peck J. 1992. Accumulation, regulation and the gepgraphies of post-Fordism:Missing links in regulationist research[J]. Progress in Human Geography, 16:190-218.

[35] Venn C. 2007. Cultural theory, biopolitics, and the question of power[J]. Theory, Culture and Society, 24(3):111-124.

[36] Wallerstein I. 1974. The Modern World System[M]. New York:Academic Press.

第6章 批判政治经济学

那些行使权力的人总是安排事宜，以便给他们的暴政披上正义的外衣。

——拉·方丹(La Fontaine,1668)，引自安德鲁·贡德·弗兰克的"官方网站"

我们将批判政治经济学理解为20世纪70年代在西方世界发展起来的一支大的思潮，尤其是在地理和社会学领域，它在随后的10年中逐渐开始影响空间规划理论。"政治经济学"这一术语整合了一系列的观点，其共通之处在于将"经济"理解为"社会的经济，或者说是从生产中建立起来的生活方式"。反之，"社会供给不应被视为一种中立能动者的中立行为，而应该是阶级成员和其他社会群体进行的一种政治行为"[①]。上述定义很明显忠于马克思主义思想，在20世纪70年代西方社会科学的批判思想学派里，马克思主义即便不算主导思想，也是主导思想之一。

正如约翰·弗里德曼(Friedmann,1987)[264]评论的那样："马克思主义的人性形象是强大的、引人注目的，它与某种全面的哲学概念、系统的社会批判以及某个乌托邦式的愿景相联系。"马克思主义为同时理解政治和经济提供了一个框架。马克思主义将资本主义分析为一个历史的、动态的系统或是一种生产模式，使地理学家和规划者理解了资本家为什么以及如何才能不断创新和毁灭，这常常导致当地的经济和社会结构发生根本性变化，因为为了采纳新的、更高效的流程和场地、旧的工业流程和场地被抛弃这种现象在南半球国家很常见。

① 这两句均引自皮特等人的文章(Peet and Thrift,1989)[3]。

1949 年中华人民共和国成立后,执行的是具有中国特色的马克思主义,尤其在"大跃进"时期(1958—1962 年)。然而,毛泽东同志逝世以后,中国共产党领导人开始称"大跃进"为"社会主义道路上的过失"(Chan,2003)[132]。那段时间的国家领导人"没有根植于科学或现实基础,只是简单化地、乌托邦式地信奉人类意识的力量及其对社会和经济变化的影响"(Chan,2003)[132]。

20 世纪六七十年代计划经济盛行于中国,社会主义经济由"经过计划的"中央附属来"保证"。然而自 1981 年以来,"计划性市场价格"的概念已经被摒弃,市场在经济中的主导地位被恢复。"共产党仍然坚持使用马克思主义式的措辞和术语,因为这样看上去显得比较正统"(Chan,2003)[174]。

主导了 20 世纪六七十年代西方思想的那支马克思主义——本章重要文献对其进行了阐述——像许多其他哲学思想一样,其思想之旅从法国开始启程。在法国,亨利·列斐伏尔的思想受到马克思和尼采的启发(Elden,2004;Kofman and Lebas,1996),并深深地卷入政治之中。与阿尔都塞不同(见下文),列斐伏尔的思想是反结构主义的马克思主义:不带决定主义的决定——是一种修正的马克思主义式的人道主义(Elden,2004)[26]。

然而,多年以后列斐伏尔的著作才被翻译成英文,并因此影响英美学术界,特别是城市地理学家,其中包括德里克·格里高利(Gregory,1994)、爱德华·苏贾(Soja,1996)以及安迪·梅里菲尔德(Merrifield,1989;2002;2006)。例如,于 1968 年在法国出版的《城市的权利》②直至 1996 年才被翻译出来,《城市革命》③(1970 年)在 2003 年被翻译出来,《空间的生产》④(1974 年)在 1991 年被翻译出来。与阿尔都塞(Althusser,1969 [1965])不同,列斐伏尔对以英语为母语的学者之理论的影响在《空间的生产》这本书出版后才显现出来。

阿尔都塞持有从结构主义出发的立场,认为社会是一个复杂的"主导性结构",在社会中资本主义生产方式会给每个社会

② 英文书名为 The Right to the City——译注。
③ 英文书名为 The Urban Revolution——译注。
④ 英文书名为 The Production of Space——译注。

元素在某种支配与从属的社会层级当中分配一个位置（Peet and Thrift，1989)[10]。因而，社会的空间组织直接关系到它的阶级结构。受阿尔都塞影响的理论家将他的思想应用在对国家的批判性分析[例如，普兰查斯的文章（Poulantzas，1978)]和城市空间上。卡斯特尔的《城市问题》⑤(1977年)一书认为，城市是社会在空间上的投影，这本书也成为这一观点的开创性文献。人们彼此间的生活、工作关系，给了空间"一种形式、一种功能、一种社会意义"（Castells，1977[1972])[115]。卡斯特尔提出这样的问题："社会的（城市）空间形态其社会生产过程是怎样的?"反之，"城市空间和社会结构变革之间的关系是怎样的"?

卡斯特尔认为是经济系统"组织了"空间，组织了空间使用分布，组织了土地利用分配以及包括集体消费（如社会性住房、学校、医院等)在内的货物的生产。因此，对人口及其增长和消费行为的空间分布最好的解释是，资本主义生产方式造成的必然的不均匀增长。由于资本家对原材料、劳动力和生产方式的搜寻是世界性的，因此，这样的组织不会只是简单地发生在地方层面上，而是全球范围的。场所是结合了"具有地方特性的'平常效应'或者说是'使用价值'的整体，其效率因资本主义生产过程的不同而不同"（Berry，1983)[21]。

鉴于资本在不同空间和时间背景下其动态也不同，对场所的理解必须结合与历史衔接的生产模式。在卡斯特尔的结构主义理论中，每种生产方式，甚至每个模式的实例都关系到某个不同的空间组织。皮特（Peet，1998)[126]解释说，例如在先进的资本主义中，与劳动管理过程和资本流通有关的要素都具有全球化的特点；生产方式的组织是区域性的，劳动力再生产的空间分配的组织则是本地性的。因此，卡斯特尔（Castells，1977[1972])[445]将城市描述为"资本主义生产方式中集体性劳动再生产力的单元"。这样的描述导致了作为先进资本主义之核心的城市与空间规划的一些问题——"城市问题是指对集体消费方式的组织，这种集体消费是所有社会群体日常生活的基础，包括住房、教育、健康、文化、商贸、交通等"（Castells，1978)⑥。

⑤ 英文书名为 The Urban Question——译注。
⑥ 引自皮特的著作（Peet，1998)[126]。

斯科特和罗维斯（Scott and Roweis,1977）认为规划是嵌入在城市化中的,反过来,城市化也是嵌入在资本主义社会特定的全球化框架内的。他们也承认,规划实践越来越政治化,成了国家的一个装置,成了通过分配土地用途等方式来分配净收入的渠道。斯科特和罗维斯批评"传统"的规划理论没有对这些问题进行探讨,并倡导一个新的、"可行的"且能更好地证明城市规划存在必要性的规划理论。

政治经济学家认为,财产和权力是阶级斗争背后的关键要素。像桑德科克和巴里（Sandercock and Berry,1983）[xi]认为的那样,城市规划师站在当代资本主义社会主要的断层线边缘,其一边可以被粗略地界定为"资本主义的逻辑"（社会投资、私有财产的意识等）,另一边是"社会主义的逻辑"（社会消费、社会需求的意识等）。因此,城市规划是嵌入在社会政治经济中的"社会事件"（Taylor,1998）[105]。正如费因斯坦夫妇（Fainstein and Fainstein,1979）总结的,规划从业者试图处理与资本主义的矛盾,如基础设施不足、未能提供"公共"产品（如无污染的环境）和缺乏集体消费品（如社会住房）。

费因斯坦夫妇将规划描述为资产阶级利益服务的行为;它通过国家来组织,是"统治阶级为了有利于积累和维持社会控制而进行的必要的行为"（Fainstein and Fainstein,1979）[382];"特指通过城市形态和空间发展而体现的资本主义矛盾管理"（Fainstein and Fainstein,1979）[382];是"去政治化的,也就是以技术形式出现的对国家所做的规划活动"（Fainstein and Fainstein,1979）[382]。费因斯坦夫妇的主要论点是,为了化解资本主义矛盾并确保资本主义延续下去,规划从业者必须要进行干预。两位作者认为,规划师试图维护市场弱势群体之利益的行为注定要失败。事实上,规划师的这些尝试甚至可能会伤害这些弱势群体,因为可能会阻止潜在的有益的结构性改革。

地理学家大卫·哈维辨析了被资本灭绝的空间,以及提供给弱势群体和有色人种的非生产性城市基础设施的不足,这种不足就算不是所有的城市危机也是城市危机之一。哈维尤其受到了列斐伏尔的马克思主义城市社会学和他的著作《城市革命》（法文版）的影响，在其《社会正义与城市》⑦一书中赞成"公平分配，公正实现"的观点（Harvey,1973)[97]，这主要建立在需求基础上。同时，在《资本的局限》(1982年)一书中，他提出了一个受马克思主义启发的理论来解释空间发展不平衡的问题。

哈维在《资本的城市化》⑧(1985年)一书中的"对规划的意识形态进行规划"这一章里提出，"规划师一部分的任务"是如果可能的话，"防止"建成环境在初期存在的危机，并维持使资本主义继续存在的条件。与费因斯坦等关于非政治化的争论类似，哈维建议"在规划师的影响下"将政治斗争（Harvey,1985)[177]化约为技术性论证，这样才能找到一个"理性的"解决方案。

克里斯汀·博耶（Boyer,1983)对城市景观自19世纪末期至20世纪40年代的生成进行辩证评价⑨，表明她或许认可这样的观点，即建立在人类价值基础上的空间规划实践并没有变得人文化，并且在受"技术实用主义和功能性组织"（Boyer,1983)[282-283]主导的抽象理性的基础上，趋向于引入视觉街景。受米歇尔·福柯研究的影响，博耶审视了城市中权力和压迫的结构，分析了对空间的规训管理如何影响了城市及其建筑的塑形，以及这种管理如何作为社会秩序化的工具。在理性城市规划和监管控制的伪装下，规划成为"主流的资本积累再生产"的一个主要推动者（Boyer,1983)[62]，模仿城市设计和建筑时尚，使得"多元化的副本取代了唯一的经验"（Boyer,1983)[56]。美国城市"变为用表达需求体系的意识形态信息来进行编码，而这个体系根植在资本主义的经济和政治氛围之中，这包括那些宏伟的民族主义、经济帝国主义和政治的胜利"（Boyer,1983)[56]。21世纪初，博耶的评论看上去更适用于美国，也许也适用于中国。

那么，在资本主义延续及合法化的过程中，难道规划师真的是"注定永远受挫折地生活""注定进行的是卑劣的实践"（Harvey,1985)[184]？还是像哈维（Harvey,2000)之后所说的那样，规划师有希望成为"渴求变革行动"的积极的"叛逆建筑师"？

批判政治经济理论极为关注欧洲和北美的城市，然而它的

⑦ 英文书名为 Social Justice and the City——译注。

⑧ 英文书名为 The Urbanization of Capital——译注。

⑨ 关于命题与反命题的一个理性讨论。

起源和应用范围都远远超过城市范围以及北半球的范畴。资本主义所带来的问题在南半球日益凸显,那里对北半球的依赖模式确保了北半球的发展(Berry,1983)。例如,殖民统治使得原本统治社会的人民及其领土被直接征服。通过有利于北半球的贸易关系,资本主义商业统治被强制推行;同时,帝国主义工业和金融统治的强制推行是通过提供借贷资本、设立包括北半球的金融公司在内的跨国企业分支机构来实现的(Castells,1977 [1978])。

　　一些有影响的理论家曾在拉丁美洲定居,并研究过那里的政治经济传统,帝国主义曾经在这块大陆被激烈地辩驳和抵制过⑩。曼纽尔·卡斯特尔、安德鲁·贡德·弗兰克、约翰·弗里德曼、帕齐·希利、阿图罗·埃斯科巴尔和欧内斯托·拉克劳等很多学者,在此无法一一列举,他们都与20世纪60—80年代的南美有很强的联系。安德鲁·贡德·弗兰克于20世纪60年代提出依赖理论和世界系统理论时运用了一些马克思主义的概念,但没有接受其他概念,比如历史唯物主义的观点——历史经历了几个连续阶段的理论(原始共产主义、野蛮社会、奴隶社会、封建主义、资本主义、社会主义、共产主义)(Turner et al, 1998)[116]。贡德·弗兰克在《拉丁美洲的资本主义和不发达》⑪(1967年)一书中的体察直接来源于他在1962年迁往智利以及随后参与智利阿连德政府改革的经历,他认为“经济发达与不发达是同一枚硬币的正反面”(Frank,1967)[9]。就在他2005年去世前,还对依赖理论的有效性提出了质疑:“非但与有些人宣称的依赖性下降相反,依赖程度其实是在增加”(Frark,2005)[np]。

　　不过,与贡德·弗兰克的宿命论相反,弗里德曼和韦弗(Friedmann and Weaver,1979)提供了一个区域层面上克服依赖的“农村城市策略”。他们的“基本需求”策略适用于以城镇为基础的农村发展,包括“开明的自力更生”、生产性资本的地方自治主义和社会权力结构的同等准入等要素。领土和功能集成的重要性在弗里德曼和韦弗的自力更生式领土发展原则中被认可:经济多样化和最大化的物质发展均受制于贸易保护和扩大

⑩ 在政治选举中,反对美国政权意识形态的候选人在大选中被选出,这种趋势体现了人们对帝国主义抵制的持续。

⑪ 英文书名为 Capitalism and Underdevelopment in Latin America——译注。

国内市场的需求。尽管两人严厉批判了佩鲁(Perroux,1955)和布德维尔(Boudeville,1972)的增长极学说[12],并以基本需求方法来取而代之,但许多学术大师如杰弗里·萨克斯(Sachs,2005;2007)仍然继续倡导增长极导向式"发展"的经济理性主义模式。

虽然简·雅各布斯以其空间规划批评者的身份为人所熟知,她还形容自己为"反对大多数理论的理论学家"(Ouroussoff,2006)[np],不过她在《城市经济》[13](1970年)和《城市与国家财富》[14](1984年)两本书中的论点有点类似弗里德曼和韦弗的观点。她赞同进口在经济增长中的重要替代作用,并建议说一个动态化的城市应该将它的城市腹地改造成一个城市区域,以此来平衡发展。雅各布斯在下述陈述中表达了她的反规划观点:"一个运行中的城市区域并不需要发展专家,它发展自己。"[15]

雅各布斯以她对20世纪50年代的城市更新还有看似抽象的规划的有力批判而闻名于世。那些规划项目由罗伯特·摩西主持,他是一名强势的州政府和城市政府官员,他的项目(如高速公路、桥梁、"超级街区"高层住房和贫民窟清理计划)改变了纽约的面貌。雅各布斯反对摩西的高速公路计划,反对其他"过度设计"的城市元素,认为它们会挫伤个人的创造性。在《美国大城市的死与生》[16](1961年)一书中,雅各布斯认为规划师应该认识到城市的"有组织的复杂性",而不是"杂乱无章的复杂性",后者被规划师视为一个必须去"纠正"的"故障"。她建议,为了使"常识和实用现实主义"盛行起来,应该去深入研究或"向下看",约翰·罗(Law,2004)之后也探讨了这一点;需要通过机构去研究,而不是通过框架结构去研究;"需要思考过程;需要从特殊到一般去归纳和论证;需要去寻求极少量'不寻常的'线索"(Jacobs,1961)[440]。

雅各布斯对传统形式的"城市邻里社区"大力推崇,她的观点也深深影响到了规划思想和实践。这种观点在20世纪90年代再次得到复兴,尤其是被新城市主义运动所复兴[17],这不仅导致美国、英国和澳大利亚相当文雅、士绅化的发展,还使雅各布

[12] 增长极的想法是集中经济发展,或者说将经济"增长"集中在最有前途的地方,而不是分散在广泛的地理区域中("挑选赢家")。

[13] 英文书名为 The Economy of Cities——译注。

[14] 英文书名为 Cities and the Wealth of Nations——译注。

[15] 引自罗森菲尔德的文献(Rosenfeld,2006)[np]。

[16] 英文书名为 The Death and Life of Great American Cities——译注。

[17] 新城市主义大会, http://www.cnu.org。

斯所希望的街角商店、繁忙街道有可能化约为"一个产生城市多样性错觉的、肤浅的城镇模型,其面具之下是沉闷的千篇一律的城市"(Ouroussoff,2006)[np]。

雅各布斯的想法往往与在土地开发商和政客"控制"之下的城市政治相左。对像纽约的格林威治村那样的街区进行保护往往会导致街区的士绅化,而贫穷的人则被赶出,这种现象进一步支持了上述作者的政治经济论点,即规划系统是为资本服务的。包括诺姆·克鲁姆霍兹(Krumholz and Forester,1990)和皮埃尔·克拉维尔(Clavel and Wiewel,1991)在内的从业者为反对这种立场提出了权益规划理论,维护穷人的利益,并界定城市政策为"为那些之前别无选择的人提供选择"(Krumholz and Clavel,1994)[1]。为了反击现有的民主体制,权益规划从业者试图跟从参与性的、再分配性的政策创新,该创新注重帮助"真正的弱势群体"并抵制"对社会底层人民利益有歧视的现有的民主制度"(Krumholz and Clavel,1994)[3]。

权益规划的起源不仅可追溯到规划倡导这一传统(Davidoff,1965),还可以追溯到20世纪60年代末期美国社会经济转型的情境。大规模的抗议、新的社会运动如由马丁·路德·金领导的公民权利运动、格洛丽亚·斯泰纳姆和贝蒂·弗里丹领导的妇女权利运动及反越战运动,使以前被政策制定者排除在外的社会群体找到了他们自己的声音。20世纪60年代末,克利夫兰和芝加哥选出了他们的第一位非洲裔市长,并做出了为了弱势群体的利益要采取主动行动的承诺。因此,权益规划历来关注多样性问题,这将在第7章提及。

桑德科克和巴里(Sandercock and Berry,1983)[xi]带来了批判政治经济理论家阐述的主要问题,即"谁从城市/区域经济和空间规划体系中获得了什么,以及为什么"? 各种理论都在试图回答这个问题并填充问题的内容,这引发了几个重要的、富有成效的思辨,本章重要文献回顾中的哈维和博耶的论文对此有所阐释。

尽管地理、规划这样的学科中有很强的批判政治经济学的传统,尽管20世纪七八十年代有一种共识,即受马克思主义启发的理论为很多城市、地区和国际问题提供了合理的解释,但是却很少有受马克思主义启发的切实可行的规范建议。尽管哈维(Harvey,1973)[314]声称"有待革命性的理论来绘制从基于开发的城市主义到适合人类的城市主义的路径,有待革命性的实践来完成这一转型",但这样的革命尚未发生在西方世界。至于中国,马克思—列宁主义在 20 世纪五六十年代被转译为毛泽东主义思想,而这差不多已经是过去的事了。今日之中国已经和许多国家一样,与市场体系牢固地结合在一起。

关于"规划师应该做什么和如何保留规划师这一职业"这些问题,马克思主义已经无法提供"完全且令人满意的指导"(Fainstein and Fainstein,1979)[397]。批判政治经济理论的质疑破坏了空间规划实践,它不仅质疑规划者实现变革的权力和能力,还质疑为这些权力和能力进行辩护所需的规范理论的合法性。因此,政治经济传统中存在重大的功能主义问题,尽管通过尼尔·史密斯(Smith,1996;2008[1984])、苏珊·费因斯坦和本诺·恩格斯等规划领域的学者的研究,以及《重新思考马克思主义》[18]、《对映体》[19][20]、《激进政治经济学评论》[21]等期刊上的文章,这一学说仍在继续传承着。

第 6 章参考文献

[1] Althusser L. 1969[1965]. For Marx[M]. London:Allen Lanope.

[2] Berry M. 1983. The Australian city in history:Critique and renewal[M]// Sandercock L,Berry M. Urban Political Economy:The Australian Case. Sydney:George Allen and Unwin Australia Pty. Ltd.

[3] Boudeville J. 1972. Aménagement du Territoire et Polarisation[M]. Paris:Génin.

[4] Boyer C. 1983. Dreaming the Rational City[M]. Cambridge, MA:MIT Press.

[5] Castells M. 1977[1972]. The Urban Question:A Marxist Approach[M]. Cambridge, MA:MIT Press.

⑱ 英文文章名为 Rethinking Marxism——译注。
⑲ 英文文章名为 Antipode——译注。
⑳ 有关顶尖政治经济学思想家"经典"文献的资源,请参考 http://www.antipode-online. net 相关内容。
㉑ 英文文章名为 Review of Radical Political Economics——译注。

[6] Castells M. 1978. City, Class and Power[M]. New York: St. Martin's Press.

[7] Chan A. 2003. Chinese Marxism[M]. New York: Continuum.

[8] Clavel P, Wiewel W. 1991. Harold Washington and the Neighborhoods[M]. New Brunswick, NJ: Rutgers.

[9] Davidoff P. 1965. Advocacy and pluralism in planning[J]. Journal of the American Institute of Planners, 31 (4): 331-338.

[10] Elden S. 2004. Understanding Henri Lefebvre[M]. London: Continuum.

[11] Fainstein N, Fainstein S. 1979. New debates in urban planning: The impact of Marxist theory within the United States [J]. International Journal of Urban and Regional Research, 3: 381-403.

[12] Friedmann J. 1987. Planning in the Public Domain[M]. Princeton: Princeton University Press.

[13] Friedmann J, Weaver C. 1979. Territory and Function[M]. London: Edward Arnold.

[14] Gregory D. 1994. Geographical Imaginations[M]. Oxford: Blackwell.

[15] Gunder F A. 1967. Capitalism and Underdevelopment in Latin: America: Historical Studies in Chile and Brazil[M]. London: Monthly Review Press.

[16] Gunder F A. 2005. Changes in My View about Dependence and Capitalism[EB/OL]. (2005-11-24). André Gunder Frank Officinal Website, http://www. rrojasdatabank. org/agfrank/research html.

[17] Harvey D. 1973. Social Justice and the City[M]. Baltimore, MD: Johns Hopkins University Press.

[18] Harvey D. 1982. The Limits to Capital[M]. Oxford: Blackwell.

[19] Harvey D. 1985. The Urbanization of Capital[M]. Oxford: Blackwell.

[20] Harvey D. 2000. Spaces of Hope[M]. Edinburgh: Edinburgh University Press.

[21] Jacobs J. 1961. The Death and Life of American Cities[M]. New York: Modern Liberary Editions & Random House Inc.

[22] Jacobs J. 1970. The Economy of Cities[M]. New York: Vintage.

[23] Jacobs J. 1984. Cities and the Wealth of Nations[M]. New York: Vintage.

[24] Kofman E, Lebas E. 1996. Lost in transposition —Time, space and the city[M]// Lefebvre H. Writings on Cities. Oxford: Blackwell.

[25] Krumholz N, Clavel P. 1994. Reinventing Cities: Equity Planners Tell Their Stories[M]. Philadelphia, PA: Temple University Press.

[26] Krumholz N, Forester J. 1990. Making Equity Planning Work[M]. Philadelphia, PA: Temple University Press.

[27] La Fontaine J de. 1668. Fables Choisies[vol. 1], chez Claude Barbin[M]. Paris: au Palais sur le Perron de la sainte Chapelle.

[28] Law J. 2004. And if the global were small and noncoherent? Method, complexity and the baroque[J]. Environment and Planning D(Society & Space), 22:13-26.

[29] Lefebvre H. 1991[1974]. The Production of Space[M]. Oxford: Blackwell.

[30] Lefebvre H. 1996[1968]. The right to the city[M]// Lefebvre H. Writings on Cities. Oxford: Blackwell.

[31] Lefebvre H. 2003[1970]. The Urban Revolution[M]. Minneapolis: University of Minnesota Press.

[32] Merrifield A. 2002. Metromarxism [M]. London: Routledge.

[33] Merrifield A. 2006. Henri Lefebvre: A Critical Introduction [M]. London: Routledge.

[34] Ouroussoff N. 2006. Outgrowing Jane Jacobs and Her New York[EB/OL]. (2006-04-30)[2006-11-24]. http://www. nytimes. com/2006/04/30weekinreview/30ja cobs. html.

[35] Peet R. 1998. Modern Geographical Thought[M]. Oxford: Blackwell.

[36] Peet R, Thrift N. 1989. Political economy and human geography[M]// Peet R, Thrift N. New Models in Geography. London: Unwin Hyman: 3-29.

[37] Perroux F. 1955. Note on the concept of growth poles[J]. Economic Appliquee, 1-2: 307-320.

[38] Poulantzas N. 1978. State, Power, Socialism[M]. London: New Left Books.

[39] Rosenfeld M. 2006. It's the Cities, Stupid. Jane Jacobs on Cities[EB/OL]. (2006-11-24). http://www. zompist. com/ jacobs. html.

[40] Sachs J. 2005. The End of Poverty: Economic Possibilities for Our Time[M]. Harmondsworth: Penguin.

[41] Sachs J. 2007. Bursting at the Seams[Z]. Reith Lectures.

[42] Sandercock L, Berry M. 1983. Introduction[M]// Sandercock L, Berry M. Urban Political Economy: The Australian Case. Sydney: George Allen and Unwin Australia Pty. Ltd.

[43] Scott A, Roweis S. 1977. Urban planning in theory and practice: A reappraisal [J]. Environment and Planning A, 9: 1097-1119.

[44] Smith N. 1996. The New Urban Frontier: Gentrification and the Revanchist City[M]. London: Routledge.

[45] Smith N. 2008[1984]. Uneven Development: Nature, Capital and the Production of Space[M]. 3rd ed. Oxford: Blackwell.

[46] Soja E. 1989. Postmodern Geographies[M]. London: Verso.

[47] Soja E. 1996. Thirdspace[M]. Oxford: Blackwell.

[48] Taylor N. 1998. Urban Planning Theory Since 1945[M].
London：Sage.

[49] Turner J，Beeghley L，Powers C. 1998. The Emergence of
Sociological Theory[M]. 4th ed. Cincinatti，OH：Wad-
sworth.

第6章重要文献回顾

[1] André G F. 1967. The theory of capitalist underdevelopment
[M]//Frank A G. Capitalism and Underdevelopment in Latin
America：Historical Studies in Chile and Brazil. London：
Monthly Review Press：3-28.

[2] Christine M B. 1983. In search of spatial order[M]//Boyer C
M. Dreaming the Rational City. Cambridge，MA：MIT
Press：33-56，292.

[3] David H. 1985. On planning the ideology of planning[M]//
Harvey D. The Urbanization of Capital. Oxford：Basil Black-
well：165-184.

[4] Jane J. 1963. The kind of problem a city is[M]//Jacobs J.
The Death and Life of Great American Cities. New York：
Vintage：428-448.

[5] John F，Clyde W. 1979. The recovery of territorial life[M]//
Friedmann J，Weaver C. Territory and Function. London：
Edward Arnold：186-211.

[6] Norman I F，Susan S F. 1979. New debates in urban plan-
ning：The impact of Marxist theory in the United States[J].
International Journal of Urban and Regional Research，3：381-
403.

[7] Norman K. 1994. Dilemmas of equity planning：A personal
memoir[J]. Planning Theory，10-11：45-56.

[8] Scottand Λ J，Roweis S T. 1977. Urban planning in theory
and practice：A reappraisal[J]. Environment and Planning A，
9：1097-1119.

第 7 章 转向多样性

由变量和情境构成的差异形式。
——简·雅各布斯与芬奇(Jacobs and Fincher,1998)[22]

在过去 20 年左右的时间里,能够感知到一种对更具包容性的规划模式的独特需求,在这种规划模式中,各种人发出的声音被倾听、被尊重,他们的情境知识被理解并受到保护。这种后现代规划模式取代了确定和客观的传统原则,代之以来自变化、异质性和碎片化的挑战。这种空间规划模式尚未得到充分的实践[①]。规划师会通过重新使用用起来较为趁手的一般概念,来应对由强烈的地方政治差异引起的不确定性和不安全感(表现为要求权利、抵制权威和转变权力结构的政治身份和政治主张)。像鲍勃·博勒加德所述:"规划……毫无差别地悬停在其有效性存在问题的现代感性与严重挑战着规划基本假设的后现代真实性之间"(Beauregard,1991)[189]。

艾尔维森(Alvesson,2002)[47-48]和阿尔门丁格(Allmendinger,2001)[51 54]归纳出了后现代主义理论和实践的几个特点,包括以下几个方面:

• 碎片化的身份——与诸如冯·哈耶克(von Hayek,1944)等学者和理性主义理论家(参见第 4 章)提出的一些假设相比,强调主观性为一个过程,以及个体的、自发的、意义创造式主体的死亡[受到了让·鲍德里亚研究的启发(Baudrillard,1983[1978])]。

• 对人类经验的多样性的认知。

• 对科学或宗教中的先验或普遍意义的颠覆,并强调大尺

---

① 参见里维斯的著作(Reeves,2005)。

度宏大叙事、框架和事业下的各种声音和地方政治②。

•话语的中心地位③。

•对"表现"这一思想的批判——实体有几种无法判别的意义④。

•不可能将权力与知识分开(Foucault,1977[1975])。

•关注能动性和人类主体想象力的(自我)形成。

随着国际公司对中国,尤其是对中国大城市投资力度的加大,国内的空间差异、多样性、不均匀、不平等的问题也越来越受人关注。全球市场、品牌和风格包围了中国消费者,呈现出在文化、历史等共同认同感方面的转变(Dirlik and Zhang,1997),并体现在后现代主义和后结构主义话语中,它们佐证了自身的体验⑤。

认知到场所、人与知识的多重性和多样性,这重新定位了空间规划师的角色——从拥有上帝看世界的视角、无所不知的规划专家的现代主义角色,变为在土地管理方面对不同群体、声音和愿望进行识别和调解的角色。这是莱奥妮·桑德科克(Sandercock,1998b)所指的能容纳底层人民言论的叛逆性公民空间(Spivak,1988)⑥。在这个空间中,"城市规划师被看作诠释其他人对规划事宜权衡的人,而不是那些更有资格来自己评估这些问题的人"(Taylor,1998)161-162。

"在描绘当代城市时,有很多现实因素和日常生活因素需要考虑"(Jacobs and Fincher,1998)1。然而从业人员和空间规划实践在重视多样性的同时,也试图规范和压制多样性。随着20世纪60年代及之后的社会和政治运动——包括女权运动、同性恋解放运动、反种族主义的人权运动、原住民运动和环保人士运动的兴起(Nash,2000),政治经济学理论(参见第6章)在西欧和美国受到了越来越多的抨击。这些运动反对"在有且只有一种正确方式去理解和构建与生活相关的领域的基础上,将更广泛的社会均质化或同质化"(Parekh,2000)1。最初,许多地方运动只是为了让妇女、同性恋者、有色人种这些群体及他们对规划系统的诉求更清晰明了。然而渐渐地,随着这些社会运动挑战了权威的单一性地位,并且开始以新的方式讨论差异性和多样性,

② 通常可参考让—弗朗西斯·利奥塔的研究(Lyotard,1984[1979])。

③ 通常可参考米歇尔·福柯的研究,尤其是他1972年的著述。

④ 通常可参考雅克·德里达的研究(Derrida,1974[1967];1988[1971])。

⑤ 宁(Ning,1997)提出,中国有六种后现代主义,后结构主义是其中之一。一般认为后现代主义是美国哲学家詹明信于1985年时介绍到中国的,米歇尔·福柯的作品在20世纪90年代被翻译引入后,在中国变得愈发流行。

⑥ 最初源于葛兰西在《狱中札记》一书中提出的无声的无产阶级概念(Gramsci,1971[1949—1953])。

性别、种族、性取向等问题变得不再是单纯的"社会类别",而是一种自我感知。例如,希望妇女在社会中的地位变得可见的呼吁(在西方世界)不再仅仅局限于高加索人种的(常指操英语的盎格鲁人)、中产阶级社会的、异性恋的妇女。如第一部分、第二部分的导言中所指出的,后现代主义思想欢迎多样性和差异性,而不是将二者归并。

物质理论[例如,格罗兹的著作(Grosz,1994;1995)]强调人类的物质或躯体方面。对于躯体问题以及它以何种方式被与它相关的环境铭刻和塑造,人们已经产生了极大的兴趣并高度重视。"这个城市是仿造身体而改造的,反过来,躯体作为一个独特的大都市体,其本身也因此而被改造、被'都市化'和城市化"(Grosz,1992)[243]。躯体化质疑了传统理论和实践的普世假设,该假设认为妇女(和所有其他群体)的具体情况、地位和故事都无关紧要(Grosz,1994)[ix]。性别、性取向、身心承受能力、种族等问题都不能以某种方式被构建在一个中立的躯体上。身体是社会的、话语的对象,它们是决定性别、性取向、种族的代码。

爱莉斯·马里恩·杨的研究对思考多样性及其在城市规划理论和实践中的作用影响甚大。杨对压迫提出了一个多重化的概念——她的"压迫的五副面孔"(Young,1990)[39]——包括具体的压迫,如种族主义、性别歧视、年龄歧视、对同性恋的歧视等,但将这些压迫重构为更宽泛的权力模式,诸如剥削、边缘化、文化帝国主义和暴力主义(Young,1990)[42]。杨认为,这种压迫是差异体制的后果,这种体制"在主要的经济、政治和文化制度下不断被系统性地复制着"(Young,1990)[41],如规划和管治。

有数量庞大的文献研究的是与空间规划相关的多样性问题。由于篇幅限制,我们很遗憾无法将很多有影响力的文献收录到本书中来。我们已经特别找出了代表向"多样性转向"之"开端"的文献,和那些不太容易读到的文献。我们知道文献存在各种多样性,但并不打算将其分类或归类,而且因为篇幅限制我们只能容忍出现一些论文选取上的疏漏,并推荐读者参考其他文献,如多洛莉丝·海登(Hayden,1984)的原创性研究《重新设计美国梦》⑦和伊丽莎白·威尔逊（Wilson，1991）关注女性问题的《城市中的狮身人面像》⑧，还有最近由考夫曼、皮克和丝戴海利（Kofman et al，2004）联合编辑的《描绘女性，制造政治》⑨以及费因斯坦和塞尔翁（Fainstein and Servon，2005）的《性别与规划》⑩。桑德科克（Sandercock，1998a）在其开创性的《使不可见变得可见》⑪一书中，识别出规划史的阴暗面及其常态化，它压迫弱势群体并使他们的抗争变得不可见，这不仅指女性，也包括少数民族、男同性恋和女同性恋的抗争。布拉伊迪（Burayidi，2000）和帕瑞克（Parekh，2000）也对此进行了研究。继较早时期阿德勒和布伦纳（Adler and Brenner，1992）以及英格兰姆等人（Ingram et al，1997）将酷儿理论运用于城市研究后，拉里·诺普（Knopp，1998；Knopp and Brown，2003）和乔恩·宾尼（Binnie，1997；Skeggs et al，2004）等人将对酷儿和跨性别的思考（Halberstam，2005）大步向前推进，并应用于规划和城市相关领域。亚太地区的酷儿理论网络包括中国学者以英文发表的在"同志"方面的开创性研究工作，如游静（Yau Ching）和刘建国与杰瑞德·戴尔蒙德（Jared Diamond）合写的文献（Yau，2010；Liu，2010）。

包括霍洛韦和瓦林斯（Holloway and Valins，2002）、加莱和内勒（Gale and Naylor，2002）在内的地理学家已经认识到，宗教和精神是很多人日常生活的一部分。人们愈发倾向于认为信仰问题形成了"一个非常重要的语境，世界上大部分人在这个语境下过自己的生活，形成自我感受（其实是道德感），并且创造和表现各自不同的地域"（Holloway and Valins，2002）6。在中国，"文化大革命"后传统的文化和信仰（包括道教、儒教、佛教、伊斯兰教和基督教）又重现了。

年龄和生命周期阶段是多样性更为重要的要素。规划师一直试图"为"年轻人做规划（通常是通过提供游乐场所及青年中心），并将青少年问题视为"难啃的硬骨头"，索性将问题留给购物中心经理和执法人员来解决。与此同时，在清晰分明的、喧嚷的"灰色社会"中，老龄化人群对配套设施和服务的要求越来越多，在农村地区尤其如此⑫。在中国，独生子女政策让孩子们承

⑦ 英文书名为 Redesigning the American Dream——译注。

⑧ 英文书名为 The Sphinx in the City——译注。

⑨ 英文书名为 Mapping Women，Making Politics——译注。

⑩ 英文书名为 Gender and Planning——译注。

⑪ 英文书名为 Making the Invisible Visible——译注。

⑫ 例如，可参见罗斯、哈珀、菲利普森等人的文献（Laws，1994；Harper and Laws，1995；Phillipson，2004；Phillipson and Scharf，2005）。

担了更高的负担期望,在照料后代和进行工作的同时还要赡养年迈的父母(Cai,2010)。

最后,在地理科学与规划学科内出现了一些对残疾问题的分析[13],这些分析超越了视残障为"主要是物理行动能力减少的问题"(Gleeson,1998)[101]的看法——这一问题认为残障与"有缺陷的"个体的行动能力不足相关,而不是与社会态度以及会产生更为不便利的环境的过程相关。类似的关于物理"残疾"的定义(残疾=畸形和疾病)和更社会化的术语"残障"(意为"阻碍")之间的争论在中国也有发生。随着中国人口平均年龄的增加,需要将残障人士的诉求纳入规划,特别是农村地区的残障人士(Peng et al,2010)。

在西方世界,迈克尔·迪尔将后现代主义和规划相结合,视后现代主义为一种风格、方法和一个时代,并描述后现代规划为"实践的拼凑",认为它忽略了构成规划理论的"语言巴别塔"(Dear,1986)[379]。迪尔对该问题的对策是提出一种元语言,为话语、为后现代时代下重构规划提供一个共同的平台。

虽然与迪尔所提出的不尽相同,但博勒加德(Beauregard,1989)也提出要重建规划。现代主义的规划工作虽然在后现代主义面前瓦解了,但并没有消失。博勒加德呼吁重建现代主义工作,取其精华、去其糟粕。他尤为主张理论和实践保留"现代主义那种对民主的、改良式的规划的需要",并融入新的灵活性和开放性。

我们认为女性主义的规划方法是重要的,因为其中存在重要的被问题化了的关键议题,包括与规划理论和实践相关的自我、身份、权力、经济、知识和正义。

关于规划中的女性这一问题,早期的女性主义视角考虑的是让妇女的生活和活动在以男性为主导的学科中可见。例如,蒙克和汉森(Monk and Hanson,1982)确认规划中有四种男性中心主义的偏见:性别盲点理论建设;人们采用传统性别角色的假设;否认性别和妇女活动的重要性;直接解决妇女生活问题的女性研究的缺乏。20 世纪 80 年代,女权主义的研究者如杰

[13] 例如,可参见班尼特、伊姆里、格利森等人的文献(Bennett,1990;Imrie and Wells,1993a;1993b;Imrie,1996;Gleeson,1995;1998)。

奎·提弗斯(Tivers,1985)研究西方城市中女性的生活环境和她们对设施及服务的享有情况,如交通、住房、公共服务(尤其是儿童保育)和带薪工作机会。另一些研究者[14]演示了土地利用规划(尤其在郊区地区)在安排妇女生活方面所做的不懈努力,及规划对她们的生活施加的限制。桑德考克和安·福赛思是最早将有关女性主义者和规划理论在认识论上联系的研究成果公开发表的学者,并"承认除科学和技术的认知方式以外,其他方式也具有有效性"(Sandercock and Forsyth,1992)[46]。

中国共产党始终认可女性和男性是在社会中形成的类别。中华全国妇女联合会成立于1949年,其宗旨是监管妇女的权利。然而从20世纪70年代以来,中国的女权主义者已经日益认识到共产主义将妇女权利视为"在解决了阶级不平等问题之后才会去处理的事情"[15]。女权主义者批评共产党将"平等"视为"千篇一律",以男性的常态作为标准来对待女性(Meng,1993)[118]。

规划实践体系曾经倾向于否认多样性,但也已经在不同群体之间形成了边界、特权、豁免和社会控制。奥伦·耶夫塔克(Yiftachel,1994;1998)受政治经济学启发,揭露了空间规划"黑暗的一面",这逐渐成为作为良性和渐进改革的规划传统画像可接受的对立面。耶夫塔克指出了规划决策的不利影响——无论是否出于意外——可能会进一步制造分异和/或隔离空间,并将其合法化。在本节所选的耶夫塔克的文章中,他发展出一个批判性分析方式的框架,规划实践在此框架下被视为一种领土上、程序上、社会经济上和文化上的社会控制。尽管"黑暗的一面"这一概念已经被一些学者所批评[16],不过规划仍然是一个有效的社会控制工具(Rose,1999;Osborne and Rose,1999)。

到了20世纪90年代,学者也开始通过精神分析理论家的著作来探索多样性的各种表现。人们越来越认识到,心理分析理论可以"为形成内涵丰富、耐人寻味地涵盖了自我、社会和物质环境的社会地貌提供线索"(Sibley,1999)[116]。大卫·西布利解释说,精神分析理论家可以帮助我们理解行动者的沟通和行

[14] 例如,可参见梅翠克斯、理查德、格里德、里特尔的文献(Matrix,1984;Richards,1990;Greed,1994;Little,1994)。

[15] 见林毅夫的文章(Lin,2003)[66]。

[16] 例如,阿尔门丁格等人的文章(Allmendinger and Gunder,2005)。

为，这与行动者自身的感受和情绪（影响）息息相关。几位学者已经通过心理分析方法对规划实践进行了调查研究，这包括豪威尔·鲍姆（Baum，1987；1989；1990；1991；1994）基于威尔弗雷德·拜昂和西布利的成果（Sibley，1999）对焦虑做的研究，而拜昂和西布利的研究又受到了梅兰妮·克莱因的启发；此外，还有迈克尔·贡德和琼·希利尔（Gunder，2003；2004；2005a；2005b；Gunder and Hillier，2004；Hillier and Gunder，2003；2005）从拉康主义的角度进行的研究。

彼得·马里斯也对规划实践以及它对人们的影响从情感和沟通方面进行了探索。在《迷失和变化》[17]（1974年）与《意义和行动》[18]（1987年）两部著作中，马里斯调查了贫民窟清除活动对个人造成的影响，以及当地民众如何在潜在的焦虑感和对生活延续的基本需求之下，努力尝试改变他们的生活（Marris，1974；1987）。《不确定性的政治》[19]（1996年）一书审视了空间规划通过掩盖或忽视权力现实，破坏了公民的协作性赋权和公民对规划师的信任，而这正是规划师努力想要取得的这一事实，在此基础上探讨了空间规划的悖论。

在马里斯及其他学者关注后来以"社会可持续性"而闻名的思想的时候，自然环境也开始受到政治家和规划师的注意。1987年，世界环境与发展委员会（布伦特兰委员会）定义了"可持续发展"这一术语：既满足当代人的需求，又不损害后代人满足其需求的发展（Word Commission on Environment and Development，1987）[43]。这致使"资本"的概念从经济领域向外拓展，将自然（或"环境"）领域以及其他被视为维持生态和人类完整性的"财富"形式囊括进来（Selman，2001）[15]。提姆·比特利（Beatley，1989；1994）对众多环境伦理理论以及它们如何与空间规划实践相关联进行了诠释。比特利认为，环境伦理所提出的道德问题是规划行业的核心问题。这些问题包括：当个人和社会进行与利用环境有关的决策时，应当参考什么样的道德原则？能够接受的环境风险或退化程度是多少？社会正义和环境保护之间的冲突应如何解决？人类对非人类有没有道德义务？

⑰ 英文书名为 Loss and Change。
⑱ 英文书名为 Meaning and Action。
⑲ 英文书名为 The Politics of Uncertainty。

在过去的几十年里,环境恶化在中国已成为一个严重的问题。虽然政府之前的重心在于优先实现经济增长,但人们已经日益认识到像以前一样一味地追求经济增长会破坏自然环境、危害公民健康。2005 年,在世界 20 个空气污染最严重的城市中,中国占有 16 个(Liu and Diamond,2008),同时,巨洪、蓝藻和砍伐森林等环境恶化现象正彼此加剧着。

21 世纪初,中国成为世界上引起全球变暖污染物的最大来源国。中国意识到采取行动是必要的,并于 2007 年 6 月启用了国家气候变化方案,企图减少温室气体的排放。中国还在坎昆(2010 年 12 月)和德班(2011 年 12 月)签署了协议,同时,其"十二五"规划(2011 年 3 月)的目标是到 2020 年二氧化碳浓度降低 40%—50%(Seligsohn and Hsu,2011)。

中国还建立了中国—新加坡天津生态城,该城市的环保目标包括:空气质量应每年至少有 310 天满足中国国家环境空气质量二级标准;所有自来水都应该是可饮用水;每单位国内生产总值(GDP)的二氧化碳排放量不应超过 150 吨/100 万美元;到 2020 年,该生态城至少 90% 的出行应该是绿色出行形式;到 2020 年,可再生能源应至少占总能量利用的 15%[20]。然而,自 2008 年以来,北京最主要的一些污染工厂已迁往天津,多数分布在滨海新区。其结果是,目前一氧化碳的水平接近 250 毫克/立方米(世界卫生组织的标准是 20 毫克/立方米),二氧化硫含量高达 600 毫克/立方米(基准为 20 毫克/立方米)(Jiangtao,2012)。

后现代主义思想中关于多样性以及宏大叙事和普遍性崩解的观点受到许多规划理论家和规划实践者的欢迎,但同时也受到一些人的质疑。这些人认为如果普遍性和理性叙事不再适用,规划和整个社会将注定要变成没有道德、没有秩序、"任何事情都可能发生"的世界。然而,正如鲍曼(Bauman,1991)所言,后现代对差异性和多样性的欢迎并没有取代对统一性和确定性的强烈的现代性的渴望(如博勒加德所言)。只要我们曾经现代化过(Latour,1993[1991]),那么后现代主义将成为与自身的悖

[20] 数据来源见 http://www.tianjinecocity.gov.sg。

论达成共识的现代主义（如博勒加德所言）。

本章重要文献回顾中的论文强调了差异具有多样性这一认知的重要性，并证明了解社会差异通过多个相互渗透的差异链条在特定的情境中形成（Pringle and Watson,1992）。本章节指出规划需要一个更具包容性的形式，这种形式向排斥其他个体和群体的观念发起挑战，并且听取和尊重各种不同的声音。

第7章参考文献

[1] Adler S，Brenner J. 1992. Gender and space：Lesbians and gay men in the city[J]. IJURR，16：24-34.

[2] Allmendinger P. 2001. Planning in Postmodern Times[M]. London：Routledge.

[3] Allmendinger P，Gunder M. 2005. Applying Lacanian insight and a dash of Derridean deconstruction to planning's "dark side"[J]. Planning Theory，4(1)：87-112.

[4] Alvesson M. 2002. Postmodernism and Social Research[M]. Buckingham：Open University Press.

[5] Baudrillard J. 1983[1978]. In the Shadow of the Silent Majorities，or the End of the Social and Other Essays[M]. New York：Semiotext(e).

[6] Baum H. 1987. The Invisible Bureaucracy[M]. Oxford：Oxford University Press.

[7] Baum H. 1989. Organisational politics against organisational culture：A psychoanalytic perspective[J]. Human Resource Management，28：191-206.

[8] Baum H. 1990. Organisational Membership：Personal Development in the Workplace[M]. Albany：SUNY Press.

[9] Baum H. 1991. How bureaucracy discourages responsibility[M]// Kets de V M,et al. Organisations on the Couch. San Francisco：Jossey-Bass：264-285.

[10] Baum H. 1994. Community and consensus：Reality and fantasy in planning[J]. JPER，13：251-262.

[11] Bauman Z. 1991. Modernity and Ambivalence[M]. Oxford: Blackwell.

[12] Beatley T. 1989. Environmental ethics and planning theory [J]. Journal of Planning Literature，4(1):1-32.

[13] Beatley T. 1994. Environmental ethics and the field of planning: Alternative theories and middle-range principles [M]// Thomas H. Values and Planning. Aldershot: Avebury/Ashgate:12-37.

[14] Beauregard R. 1989. Between modernity and postmodernity: The ambiguous position of US planning[J]. Environment and Planning D (Society and Space)，7:381-395.

[15] Beauregard R. 1991. Without a net:Modernist planning and the postmodern abyss[J]. JPER，10(3):189-194.

[16] Bennett T. 1990. Planning and people with disabilities[M]// Montgomery J，Thornley A. Radical Planning Initiatives. Aldershot: Gower: 259-269.

[17] Binnie J. 1997. Coming out of geography: Towards a queer epistemology[J]. Environment and Planning D (Society and Space),15:223-237.

[18] Burayidi M. 2000. Urban Planning in a Multicultural Society [M]. Westport: Praeger.

[19] Cai Y. 2010. China's below-replacement fertility: Government policy or socioeconomic development [J]. Population and Development Review,36(3):419-440.

[20] Dear M. 1986. Postmodernism and planning[J]. Environment and Planning D(Society and Space)，4:367-384.

[21] Derrida J. 1974[1967]. Of Grammatology[M]. Baltimore: Johns Hopkins University Press.

[22] Derrida J. 1988[1971]. Limited Inc[M]. Evanston，IL: Northwestern University Press.

[23] Dirlik A，Zhang Z. 1997. Introduction:Postmodernism and China[J]. Boundary 2，24(3):1-18.

[24] Fainstein S，Servon L. 2005. Gender and Planning[M]. New Brunswick，NJ：Rutgers University Press.

[25] Foucault M. 1972[1969]. The Archaeology of Knowledge [M]. New York：Routledge.

[26] Foucault M. 1977[1975]. Discipline and Punish：The Birth of the Prison[M]. London：Allen Lane.

[27] Gale R，Naylor S. 2002. Religion，planning and the city：The spatial politics of ethnic minority expression in British cities and towns[J]. Ethnicities, 2(3)：387-409.

[28] Gleeson B. 1995. A geography for disability[J]. Georophy, 21(2):387-396.

[29] Gleeson B. 1998. Justice and the disabling city[M]// Fincher R，Jacobs J. Cities of Difference. New York：The Guilford Press:89-119.

[30] Gramsci A. 1971[1949—1953]. Prison Notebooks[M]. London：Lawrence and Wishart.

[31] Greed C. 1994. Women and Planning [M]. London：Routledge.

[32] Grosz E. 1992. Bodies-cities[M]// Colomina B. Sexuality and Space. Princeton：Princeton University Press:241-253.

[33] Grosz E. 1994. Volatile Bodies[M]. Sydney：Allen and Unwin.

[34] Grosz E. 1995. Space，Time and Perversion[M]. Sydney：Allen and Unwin.

[35] Gunder M. 2003. Planning policy formulation from a Lacanian perspective[J]. International Planning Studies，8 (4):279-294.

[36] Gunder M. 2004. Shaping the planner's ego-ideal：A Lacanian interpretation of planning education[J]. Journal of Planning Education and Research，23:299-311.

[37] Gunder M. 2005a. Obscuring difference through shaping debate：A Lacanian view of planning for diversity [J].

International Planning Studies，10(2):83-103.

[38] Gunder M. 2005b. The production of desirous space: Mere fantasies of the utopian city [J]. Planning Theory, 4 (2):173-199.

[39] Gunder M，Hillier J. 2004. Conforming to the expectations of the profession: A Lacanian perspective on planning practice, norms and values [J]. Planning Theory and Practice, 5 (2):217-235.

[40] Halberstam J. 2005. In a Queer Time and Place: Transgender Bodies, Subcultural Lives [M]. New York: New York University Press.

[41] Harper S，Laws G. 1995. Rethinking the geography of ageing [J]. Progress in Human Geography, 19(2):199-221.

[42] Hayden D. 1984. Redesigning the American Dream [M]. New York: Norton.

[43] Hillier J, Gunder M. 2003. Planning fantasies? An exploration of a potential Lacanian framework for understanding development assessment planning[J]. Planning Theory, 2(3):225-248.

[44] Hillier J, Gunder M. 2005. Not over your dead bodies! A Lacanian interpretation of planning discourse and practice[J]. Environment and Planning A, 37(6): 1049-1066.

[45] Holloway J, Valins O. 2002. Editorial: Placing religion and spirituality in geography[J]. Social and Cultural Geography, 3(1):5-9.

[46] Imrie R. 1996. Disability and the City[M]. London: Paul Chapman.

[47] Imrie R，Wells P. 1993a. Disablism, planning and the built environment[J]. Environment and Planning C (Government and Policy), 11(2):213-231.

[48] Imrie R，Wells P. 1993b. Creating barrier-free environments [J]. Town and Country Planning, 61(10):278-281.

[49] Ingram G，Bouthillette A，Retter Y. 1997. Queers in Space [M]. Seattle：Bay Press.

[50] Jacobs J，Fincher R. 1998. Introduction[M]// Fincher R，Jacobs J. Cities of Difference. New York：The Guilford Press：1-25.

[51] Jiangtao S. 2012. Mainland Cities Struggle to Meet Clean-air Standards[EB/OL].（2012-03-05）. http：//www. scmp. com/portal/site/SCMP.

[52] Knopp L. 1998. Sexuality and urban space：Gay male identity politics in the US，the UK and Australia[M]// Fincher R，Jacobs J. Cities of Difference. New York：The Guilford Press：149-176.

[53] Knopp L，Brown M. 2003. Queer diffusions [J]. Environment and Planning D（Society and Space），21（4）：409-424.

[54] Kofman E，Peake L，Staeheli L. 2004. Mapping Women，Making Politics[M]. New York：Routledge.

[55] Latour B. 1993[1991]. We Have Never Been Modern[M]. Cambridge，MA：Harvard University Press.

[56] Laws G. 1994. Age，contested meaning and the built environment [J]. Environment & Planning A，26：1787-1802.

[57] Lin C. 2003. Toward a Chinese feminism：A personal story [M]// Wasserstrom J. 20th Century China：New Approaches. New York：Routledge.

[58] Little J. 1994. Gender，Planning and the Policy Process[M]. Oxford：Pergamon Press.

[59] Liu J，Diamond J. 2008. Revolutionising China's Environmental Protection[EB/OL].（2008-03-03）. http：//www. aseanenvironment. ifo/Abstract/4106032.

[60] Liu P. 2010. Why does queer theory need China[J]. Position，18（2）：291-320.

[61] Lyotard J-F. 1984[1979]. The Postmodern Condition: A Report on Knowledge [M]. Manchester: Manchester University Press.

[62] Marris P. 1974. Loss and Change[M]. London: Routledge.

[63] Marris P. 1987. Meaning and Action [M]. London: Routledge.

[64] Marris P. 1996. The Politics of Uncertainty: Attachment in Private and Public Life[M]. London: Routledge.

[65] Matrix. 1984. Making Space: Women and the Man-Made Environment[M]. London: Pluto Press.

[66] Meng Y. 1993. Female images and national myth [M]// Barlow T. Gender Politics in Modern China. Durham, NC: Duke University Press.

[67] Monk J, Hanson S. 1982. On not excluding half the human in geography[J]. Professional Geographer, 34:11-23.

[68] Nash C. 2000. Performativity in practice: Some recent work in cultural geography [J]. Progress in Human Geography, 24:653-664.

[69] Ning W. 1997. The mapping of Chinese postmodernity[J]. Boundary 2, 24(3):19-40.

[70] Osborne T, Rose N. 1999. Governing cities: Notes on the spatialisation of virtue [J]. Environment and Planning D (Society and Space), 17:737-760.

[71] Parekh B. 2000. Rethinking Multiculturalism: Cultural Diversity and Political Theory[M]. Basingstoke: Palgrave.

[72] Peng X, Song S, Sullivan S, et al. 2010. Ageing, the Urban-rural Gap and Disbility Trends[EB/OL]. (2010-08-21)[2012-03-03]. http://www.plosone.org/article/info%3Adoi%2F10.1371%Fjournal.pone.

[73] Phillipson C. 2004. Urbanisation and ageing: Towards a new environmental gerontology[J]. Ageing and Society, 24(6): 963-972.

[74] Phillipson C，Scharf T. 2005. Rural and urban perspectives on growing old：Developing a new research agenda［J］. European Journal of Ageing，2：67-75.

[75] Pringle R，Watson S. 1992. "Women's interests" and the post-structuralist state［M］// Barrett M，Phillips A. Destabilising Theory：Contemporary Feminist Debates. Cambridge：Polity Press：53-73.

[76] Reeves D. 2005. Planning for Diversity［M］. London：Routledge.

[77] Richards L. 1990. Nobody's Home［M］. Melbourne：Oxford University Press.

[78] Rose N. 1999. Powers of Freedom［M］. Cambridge：Cambridge University Press.

[79] Sandercock L. 1998a. Making the Invisible Visible［M］. Berkeley：University of California Press.

[80] Sandercock L. 1998b. Towards Cosmopolis［M］. Chichester：John Wiley.

[81] Sandercock L，Forsyth A. 1992. Feminist theory and planning theory：The epistemological linkages［J］. Planning Theory，7-8：45-49.

[82] Seligsohn D，Hsu A. 2011. Looking to Durban：China's Climate Change Policy Progress since Cancun［EB/OL］. (2011-09-21)［2012-03-03］. http：//www. insights. wri. org.

[83] Selman P. 2001. Social capital，sustainability and environmental planning［J］. Planning Theory and Practice，2 (1)：13-30.

[84] Sibley D. 1999. Creating geographies of difference［M］// Massey D，Allen J，Sarre P. Human Geography Today. Cambridge：Polity Press：115-128.

[85] Skeggs B，Moran L，Tyrer P，et al. 2004. Queer as folk：Producing the real of urban space［J］. Urban Studies，41：1839-1856.

[86] Spivak G C. 1988. Can the subaltern speak[M]// Nelson C, Grossberg L. Marxism and the Interpretation of Culture. Urbana, IL: University of Illinois Press:217-313.

[87] Taylor N. 1998. Urban Planning Theory since 1945[M]. London: Sage.

[88] Tivers J. 1985. Women Attacked[M]. London:Croom Helm.

[89] von Hayek F. 1944. The Road to Serfdom[M]. London: Routledge and Kegan Paul.

[90] Wilson E. 1991. The Sphinx in the City[M]. London: Virago.

[91] Women and Geography Study Group of the Institute of British Geographers (WGSG). 1984. Geography and Gender[M]. London: Hutchinson.

[92] World Commission on Environment and Development (WCED). 1987. Our Common Future, the Brundtland Report[M]. Oxford: Oxford University Press.

[93] Yau C (ed.). 2010. As Normal as Possible: Negotiating Sexuality and Gender in Mainland China and Hong Kong[M]. Hong Kong: Hong Kong University Press.

[94] Yiftachel O. 1994. The dark side of modernism:Planning as control of an ethnic minority[M]// Watson S, Gibson K. Postmodern Cities and Spaces. Oxford:Blackwell: 216-234.

[95] Yiftachel O. 1998. Planning and social control:Exploring the dark side[J]. Journal of Planning Literature, 12(4): 395-406.

[96] Young I M. 1990. Justice and the Politics of Difference [M]. Princeton: Princeton University Press.

第7章重要文献回顾

[1] Beauregard R A. Between modernity and postmodernity:The ambiguous position of US planning[J]. Environment and Planning D(Society and Space),7:381-395.

[2] Dear M J. 1986. Postmodernism and planning [J]. Environment and Planning D(Society and Space), 4:367-384.

[3] June M T. Planning history and the black urban experience: Linkages and contemporary implications [J]. Journal of Planning Education and Research,14:1-11.

[4] Leonie S,Ann F. 1992. Feminist theory and planning theory: The epistemological linkages [J]. Planning Theory, 7 (8):45-49.

[5] Maarten A H. 1995. The historical roots of ecological modernization [M]//Hajer M A. The Politics of Environmental Discourse. Oxford: Oxford University Press:73-103.

[6] Oren Y. 1998. Planning and social control:Exploring the dark side[J]. Journal of Planning Literature,12:395-406.

[7] Peter M. 1996. Planning[M]//Marrs P. The Politics of Uncertainty:Attachment in Private and Public Life. London: Routledge:131-143, 179.

[8] Timothy B. Environmental ethics and the field of planning: Alternative theories and middle-range principles[M]//Huw Thomas. Values and Planning. Aldershot:Avebury/Ashgate: 12-37.

第 8 章　规划领域实用主义哲学的复兴

实用主义观不是提出教条来指导城市的综合发展,而是详尽地阐述了进行民主咨询的各种实践模式,规划(从业者)可以借此审视多方磋商出的结果。

——查尔斯·霍克(Hoch,2007)[280]

"实用主义"哲学是一支独特的美国哲学传统,在 20 世纪深刻地影响了美国社会对于民主、公共政策以及规划的认识。针对过于狭隘的几种关注点,即古典经济学和新古典经济学中追求自身利益的"理性的人";"逻辑实证主义"式的科学探索寻求客观真理和"事实"规律;以及强调道德生活构成的逻辑和演绎推理的这些分析模式,这支哲学传统提供了一种对应视角。早期的实用主义者认为个人身份是通过个人与他人的各种关系并置于社会环境当中形成的。由于受到了早期达尔文进化论的影响,他们强调的是处于纷繁复杂的环境关系之下人类活动偶然发生的情境性(Menand,2002),提倡关注实际努力并探索思想、意义和现实挑战之间的关系。由此,"实用主义"传统为 20 世纪中期的主流规划理论和实践提供了一种批判性视角,借此替代政治经济学的批判视角(参见第 6 章)。实用主义者特别针对试图复原的实证主义理性发起了挑战,认为这样的做法超过了理性科学管理实践的最初构想。然而,早期及其之后的实用主义者反对那些受到马克思主义启发的激进言辞,对其中表现出的结构主义和理想主义思想深感不满。实用主义方法有意避开了二元论和二分法,侧重于实践性判断和情境推理。

早期实用主义者认为这种判断需要对思维的分析模式和道

德模式加以综合考量,不是按照抽象的原则实施,而是在实时的生活中进行表述。实时的生活不是华丽地独立存在于具有自主性的个体当中,而是存在于社会文脉之下,作为人类个体的意义连同生活在某种"政体"中的意义都在这个文脉下不断地构成着。约翰·杜威在他的著作中重点阐述了生活在社会群体和团体之中相应的义务和责任(Dewey,1910;1927;1993)。实用主义者同时强调了我们认知的过程是基于不断获得的经验和所要面对的挑战。事实和价值、手段和结果、分析性和规范性命题、问题和解决方法都可以在社会文脉下找到,就如同它们是预先形成和安排的。

实用主义者强调选择需要综合不同因素加以考虑,以"全局式的"方式得出切合实际的判断。正如威廉·詹姆斯(James,1991[1907];2003[1912])所指出的,问题关键在于是什么带来了改变。但是这并不意味着要把关注点仅局限在物质结果上,虽然理解这些结果是有价值的。它还暗示了随着人和政体伦理道德的演变,需要对不断衍生出的结果进行考量。这使得热衷于公共政策问题的实用主义者把目光投向了民主和管治实践,而在规划领域则乐于探讨诸如规划师之类的主要角色应如何进行实际判断。

这些对 20 世纪中叶美国公共政策产生巨大影响的思想于 80 年代在规划领域又重新浮出水面①,并具备了更强的批判力,其中贡献尤为突出的是约翰·弗雷斯特,他从德国批判社会理论学家约根·哈贝马斯(Harbemas,1984)的研究中获取了灵感。如今,这些思想成为以"沟通规划理论"之名而闻名的一支重要理论流派(参见第 10 章)。此外,还有一些与实用主义观并行的思想,包括社会复杂性文脉下的管治思想(参见第 12 章)。它们在 20 世纪 90 年代的进步性政治理论中得以迅速复兴,其中包括哲学家理查德·罗蒂(Rorty,1999)的研究工作、政策科学家威廉·康纳利(Connolly,1987)所做的更具批判性的文章,以及来自环境哲学和民主政治学的文献为复兴做出了突出贡献。然而,许多北美地区以外的学者并没有意识到这种传统的

① 在"一战"和"二战"之间的时期,杜威对美国社会改革思想影响甚大(Rorty,1998)。

重要性，他们多把"实用主义"这一术语以日常的方式来表示对实践的关注。欧洲的规划理论学家由于受到的批判社会科学以及结构主义和后结构主义思想的影响更为深刻（参见第 6 章、第 7 章、第 12 章），因此很难在实用主义哲学传统中发现批判的边界和潜力。

实用主义哲学主要归功于三位学术奠基人——查尔斯·皮尔士、威廉·詹姆斯和约翰·杜威（Menand，2002）。在这三人当中，杜威首先发展了实用主义立场的政治语意[②]。这三位学者都强调了道德和事实"真理"的检验评判不是先验的"更高级的人"，或是自然界运行的客观规律，检验的基础反而在于人类在世界之中努力创造的意义里、在实时的生活流里。实用主义者虽然承认人在认知和觉察能力上的局限性，但是却颂扬了人的管理和适应能力，颂扬了人在畅想未来并为其实现而积极努力的能力。在这一点上，他们是在科学和民主政治方面都寄予"现代主义"期望的哲学家，同时他们也对当时为逐步实现这种现代主义梦想而开展的众多实践表示了疑虑。他们认为世界处于不断地形成之中，此外还特别关注社会关系，因为个体身份的形成和政治的发展正是有赖于这种社会关系。当逻辑实证主义自身正在发展成为科学的一种探索模式时，实用主义对这一时期的科学提出了诸多批评。然而，他们却力图持有杜威所颂扬的"科学态度"。正如约翰·弗里德曼所评论的：

> 杜威的构想被一种（经验科学的）独特的认知方法牢牢吸引，它在操作过程中可以自我修正，因此科学家无论是失败或成功都可以从中获取经验（Friedmann，1987）[189]。

这种"独特方法"的核心在于质疑和探知的习惯，以与之相关的各种经验证据来验证答案和发现事物。对于杜威而言，这是一个质疑和验证的习惯问题，而这正是这一方法的本质，他相信通过培养，每个人都可以获得这种能力。他极为反对将这种方法转变成为精确的规程或是程序的标准准则。20 世纪后期，早期理性规划学派的批评家查尔斯·林德布鲁姆（Lindblom，

② 可参见杜威的著作（Dewey，1927）。

1990)提倡对于公共政策咨询应持有一种"探究"态度,表达出一种与杜威极为类似的立场。

杜威被公认为是"美国梦"背后哲学思想的奠基者(参见第2章、第4章),这一思想旨在通过民主组织与科学发现的联合,令美国的人权以积极进取的姿态朝着更加美好的生活方向迈进(Dewey,1993;Menand,2002;Rorty,1998)。他还进一步详述了哲学思想所带来的希望,以唤起人们对19世纪美国内战时期四分五裂的状况和20世纪"一战"和"二战"那样的黑暗时代的抵抗。他强调了对待他人的尊重态度,认为这不仅重要,也是最根本的道德品质,应通过教育和民主形式的建设积极加以培养。全民全域的社会公平是杜威思想的核心,尽管如此他仍反对马克思社会理论和政治理论,认为前者的决定性过强,后者则过于教条和武断。他的观点极大影响了20世纪30年代美国"新政"计划,其思想也对理性综合规划的发展做出了贡献,这些都于40年代在芝加哥大学的规划课程上有详述(参见第4章)。他的思想间接影响了20世纪60年代的一批系统分析学家,他们反过来又鼓励年轻一代的规划理论学者重新拾起实用主义的传统,这其中以弗雷斯特(Forester,1989;1993)、希尔达·布兰科(Blanco,1994)和尼拉杰·维尔马(Verma,1996;1998)最为知名。到了1984年,霍克(Hoch,1984a;1984b)开始逐渐摆脱实用主义对规划领域的影响。但此时,任何对于实用主义传统的利用都需要承受针对早期实用主义者及其思想的运用和发展的宽泛批判。

此次对于实用主义的"回访"是在美国哲学界开展起来的,而且主要是基于希拉里·帕特南、汉娜·阿伦特、理查德·伯恩斯坦以及理查德·罗蒂的研究[3]。杜威的著作强调了一种线性的进步概念,由于资本组织的"工业"模式如履薄冰并引发重组,这种概念与世界各地的发展经验越来越脱节(参见第6章),导致了对于科学探索、专家知识的过度强调,其代价是对公民的忽略。此外,杜威倾向于认为共同的社会和政治核心价值是存在的,这种与"成为美国人"息息相关的价值观在他看来是

③ 参见帕特南(Putnam,1995)、罗蒂(Rorty,1979)、阿伦特(Arendt,1958)和伯恩斯坦(Bernstein,1983)相关著作的内容。

民族文化的基础。为此,他并不看重存在于美国社会中的复杂的、系统性的权力不公。然而,传统的实用主义强调的是被弗里德曼谓之"社会学习"的实践以及关注"情境历史"的重要性,由此进一步引发了对于民主参与的协商模式和"协作"模式的激烈讨论(参见第 10 章)。

在规划文献中,上述民主实践的概念由于将社会假定是具有共同的价值观、寻求保持共识而备受诟病。然而实用主义学家于 20 世纪 80 年代就已经认清了社会形成中存在的潜在冲突——"争胜"(Bernstein,1983)和"纷争"(Connolly,1987)。一些学者如弗雷斯特和霍克从规划的视角对此也进行了探讨,认识到价值观共识几乎是不存在的。他们认为,通过就实际问题进行协作而形成的共识就足以使利益相关者"向前迈进",找到认识和尊重价值观差异的途径。这一论断暗示了在实际的环境中,规划师和各类政策专家应做的远不止是在实践背景下提供一点专业知识,他们还要把道德表现付诸实践。规划领域的新一代实用主义者认为如何实现这一表现会影响到哪种民主政策会被制定。这里弗雷斯特(Forester,1993)认为在这一点上对于开放的、多方参与的民主政体的期盼存在着系统性滥用的现象,他援引哈贝马斯关于沟通实践中存在系统性的曲解的观点,建议规划师用可能的方式去质疑这种做法。这其中涉及认识"曲解"的含义,这一概念是由具有权势的行动者提出,采用了他们在日复一日的操作实践过程中涌现的系统性、嵌入式的规范和价值观。弗雷斯特把他的立场定义为"批判实用主义"(Forester,1993)。

这种"全局式"立场同样受到了唐纳德·舍恩的重视,他在著作中阐述了专业人士如何通过"在行动中反思"来获得实践经验(Schön,1983)。舍恩已经复兴了实用主义所强调的实践和实际参与的重要意义,重视"在实践中认知"、在实际参与中发展理论(Schön,1983;Argyris and Schön,1974)。弗雷斯特建议说哈贝马斯关于如何在公众讨论中促成"理想的"、开放的以及相互尊重的沟通的理念,可以作为一种有价值的工具帮助规划师梳理出权力动态,规划师自身也处于这种动态之中。以此为导向,规划师可以找出扭转上述曲解的规划工作方式(Forester,1989;1993;Hoch,1994)。弗雷斯特、霍克等"批判实用主义者"主持了一系列工作,对规划理论和规划过程需要先进行一般概括后"应用"于实践的说法进行了驳斥。相反,他们认为规划理论发展的基础是规划者的参与实践和经验总结。他们认为研究的重点在于从业者如何发现问题的关键环节——可以通过"倾听"策略、共享的发展政策经验以及形式化分析来实现。他们强调的是在似乎不可能发生变动的权力结构中,从业者如何挑战、面对以及开拓潜力。最重要的是,在制定战略或是处理棘手的政策问题时,这些作者强调如何结合对问题的不同认识和理解,将其"综合"在规划师制定战略或处理艰巨的政策问题的工作当中。

弗雷斯特自 20 世纪 70 年代后期起,就在他一系列的文章中阐明了与实用主义传承的关系,并将其观点综合在两本书中,即《面对权力的规划》④(1989 年)和《批判理论,公共政策和规划实践》⑤(1993 年)。弗雷斯特的思想受到了杜威社会民主生活的概念、哈贝马斯的思想以及社会学家安东尼·吉登斯和彼得·马里斯的共同启迪。他所关注的是规划师如何做出实际判断,如何基于这些判断的道德标准来行动。他认为规划师是"注意力的实际组织者"(Forester,1993)[27],具有提升民主生活品质的潜能。

霍克最初是受到批判政治经济学理论的影响,之后受到实用主义者革新思想的启示,进而转向了早期实用主义。奠定了综合理性规划传统之基础的最初启示性思想对他的早期研究产生了影响(Hoch,1984a)。到了 20 世纪 80 年代后期,受弗雷斯特研究的影响,霍克向着更具批判性的立场转变,与早期实用主义思想和综合理性规划传统相比,他给予权力动态的考虑更多。为此,他在讨论中援引了法国社会哲学家米歇尔·福柯的思想。他认为福柯和杜威的认识论比较相近,但所持的态度有所不同:杜威对于未来可能性的"期待"与福柯的悲观截然相对;后者认可人类作茧自缚的命运是不可避免的,因此必将限制他们的潜

④ 英文书名为 Planning in the Face of Power——译注。
⑤ 英文书名为 Critical Theory, Public Policy and Planning Practice——译注。

力。霍克倾向于杜威的态度,同时认为规划师应有机会去协助创造一个"技术得以服务于民主社区的自由空间"(Hoch,1996)[42]。他认为"(规划师)更应该成为实践的叙述者,而不是努力成为真理方面的专家"(Hoch,1996)[43],这一思想后来在斯罗格莫顿、桑德科克以及其他学者的研究中得以体现(见后文)。

规划理论界除了与弗雷斯特"批判实用主义"相关的有影响力的研究文集以外,其他规划理论学家也同样受到了实用主义传统的影响。希尔达·布兰科(Blanco,1994)在参看了詹姆斯的实用主义方法之后,重新思考了规划师在处理各种社会问题中应做出的贡献。维尔马(Verma,1998)也针对詹姆斯的研究展开工作,探索意义建立的过程,并通过与规划所关注的实际问题进行"类似的"比拟,探索其可能性。安德烈亚斯·法鲁迪(Faludi,1987)受到了伯恩斯坦和霍克研究的影响,参考了实用主义思想后建立起他的观点,即"结果论"方法对规划决策的价值。加拿大学者汤姆·哈珀和斯坦·斯坦因(Harper and Stein,1995;2006)以一种截然不同的方法复兴了实用主义传统。他们强调了实用主义的方法,借用了实用主义哲学家罗蒂和帕特南以及规划理论学家弗里德曼、弗雷斯特和霍克的观点,但是却将其与约翰·罗尔斯的权利自由理论相联系,把自己的立场称为"新实用主义"或是复兴的"实用主义的渐进主义"。霍克(Hoch,1994)在同一时期探索了批判实用主义的内涵,影响到了与 20 世纪中期规划师工作密切相关的核心工具——综合规划[⑥]。

所有这些成果强调了意义是在社会环境中创造的,从而批判了真理的"对应"理论,该理论认为规划分析中呈现的所谓"真实",可以在"外部的世界"中找到客观对应。借用罗蒂(Rorty,1979)的比喻,"表述"是"真实"的镜子。相反,实用主义者强调了生成连贯"意义"的重要性,这种"意义"可与人们的经验和价值观产生共鸣(Fischer,2003)。这引起了人们对其他影响公众问题带入知识方式的关注,如通过记述或是讲故事来获取知识,规划领域的一些作者由于受到后现代主义和后结构主义社会哲

⑥ 有关"综合"规划,霍克(Hoch,2007)意指调动了实用主义"全局性"的规划。

学的影响对此比较看重（参见第 7 章、第 8 章）。因此，建立了有关规划问题知识的分析模式，可能只会被看作是阐述关键问题的方式之一。这种观点同样在后结构主义的影响中汲取了养分（参见第 12 章），进而逐渐将叙事和故事讲述作为一种规划方法而日渐重视起来（Throgmorton，1996；Flyvbjerg，2001；2004；Eckstein and Throgmorton，2003；Sandercock，2003）。同时，它也对"诠释性"政策分析的发展起到了作用（Hajer and Wagenaar，2003；Fischer，2003；Wagenaar，2011）。

虽然实用主义传统在其他政策分析领域已经广为人知，但在规划领域中该传统几次"复兴"之间的微妙差别却很少有人以批判的眼光加以关注［参见阿尔门丁格（Allomendinger，2002）和希利（Healey，2009）对于规划文献中的实用主义传统的回顾］。然而，许多规划学术圈中的学者却对受到实用主义影响的研究均持批判性态度[7]。这些批评调动了结构主义和后结构主义思想对创造任何共享价值的可能做法进行批判，同时也质疑了过度强调能动性的力量，却对规划师工作时面对的制度环境缺乏认识的做法。在对沟通规划理论的"攻击"中（参见第 10 章），在通过发展更为"制度主义"的方式来记述规划实践活动的过程中（参见第 11 章），这些批判得到了清晰地阐述。然而，上述批判却忽略了以下两方面的实用主义哲学基础——弗雷斯特及他人的"批判实用主义"和对"实用主义复兴者"在方法论上的关注。

在对 20 世纪晚期的规划理论、目标和方法的思辨中，传统实用主义似乎处于不受重视的阴影之中。然而，它的前提和学术敏感性依然强有力地回荡在 20 世纪 90 年代大部分规划理论研究当中，这些研究为科学理性主义传统和分析哲学以及某些马克思"结构主义"文献中的结构决定论创造了一种替代品。正如罗蒂（Rorty，1982）设想的一样，它在见解上与 20 世纪六七十年代的现象学及欧洲后结构主义者的某些见解类似。但是实用主义关注的重点决然是在实践参与领域，它关注于如何通过参与进行试验、从中学习和实现发展。尤其是在杜威的文章中，实

[7] 例如，参见劳里亚（Lauria，1995）和希利等人（Healey et al，1997）的相关讨论。

用主义传统是一种具有希望和潜力的哲学。就其本身而言,由于它注重通过工作实践来创造更加美好的未来,对于热衷于规划事业的人来说,有着很强的吸引力。

然而,对于实用主义传统衍生出的思想保持一种批判的态度也是十分重要的。许多人把实用主义哲学家看作美国民族自由、民主、进步事业的辩护者,现如今在许多人看来这一事业似乎显得空洞无光。由于认识到人类在探索、征服地球的过程中所造成的破坏,人们如今已经不再(以一种宽泛的方式)狂热颂扬技术潜力和科学方法。言归规划的主题,尽管实用主义者肯定社会关系和社会环境所发挥的重要作用,但是除了"能动性"的角度以外,很难阐释制度环境中的动态因素。不过早期实用主义哲学家和受其启发的规划理论学家的研究工作在规划领域依然大有可为。

第8章参考文献

[1] Allmendinger P. 2002. Planning Theory [M]. Basingstoke:Palgrave Macmillan.

[2] Arendt H. 1958. The Human Condition [M]. Chicago:University of Chicago Press.

[3] Argyris C, Schön D. 1974. Theory in Practice [M]. San Francisco:Jossey-Bass.

[4] Bernstein R. 1983. Beyond Objectivism and Relativism:Science, Hermeneutics and Praxis [M]. Philadelphia:University of Pennsylvania Press.

[5] Blanco H. 1994. How to Think About Social Problems:American Pragmatism and the Idea of Planning[M]. Westport, CT:Greenwood Press.

[6] Connolly W E. 1987. Politics and Ambiguity [M]. Madison, Wisconsin:University of Wisconsin Press.

[7] Dewey J. 1910. How We Think [M]. New York:Dover Publications.

[8] Dewey J. 1927. The Public and Its Problems[M]. Ohio:Ohio

University Press.

[9] Dewey J. 1993. The Political Writings [M]. Indianopolis: Hackett.

[10] Eckstein B, Throgmorton J. 2003. Stories and Sustainability: Planning, Practice and Possibility for American Cities [M]. Cambridge, MA: MIT Press.

[11] Faludi A. 1987. A Decision-centred View of Environmental Planning [M]. Oxford: Pergamon Press.

[12] Fischer F. 2003. Reframing Public Policy: Discursive Politics and Deliberative Practices [M]. Oxford: Oxford University Press.

[13] Flyvbjerg B. 2001. Making Social Science Matter: Why Social Inquiry Fails and How It Can Succeed Again [M]. Cambridge: Cambridge University Press.

[14] Flyvbjerg B. 2004. Phronetic planning research: Theoretical and methodological reflections [J]. Planning Theory and Practice, 5: 283-306.

[15] Forester J. 1989. Planning in the Face of Power [M]. Berkeley: University of California Press.

[16] Forester J. 1993. Critical Theory, Public Policy and Planning Practice: Toward a Critical Pragmatism [M]. Albany: State University of New York Press.

[17] Friedmann J. 1987. Planning in the Public Domain [M]. Princeton: Princeton University Press.

[18] Harbemas J. 1984. The Theory of Communicative Action: Reason and the Rationalisation of Society [M]. Cambridge: Polity Press.

[19] Hajer M, Wagenaar H. 2003. Deliberative Policy Analysis: Understanding Governance in the Network Society [M]. Cambridge: Cambridge University Press.

[20] Harper T L, Stein S M. 1995. A classical liberal(libertarian) approach to planning theory [R]//Sue H. Planning Ethics: A

Reader in Planning Theory, Practice and Education. New Brunswick, NJ: Center for Urban Policy Research:11-29.

[21] Harper T L, Stein S M. 2006. Dialogical Planning in a Fragmented Society [M]. New Brunswick, NJ:CUPR Press.

[22] Healey P. 2009. The pragmatist tradition in planning thought [J]. Journal of Planning Education and Research, 28(3):277-292.

[23] Healey P, Hoch C, Lauria M,et al. 1997. Planning theory, political economy and the interpretive turn: The debate continues[J]. Planning Theory, 17: 10-85.

[24] Hoch C. 1984a. Doing good and being right: The pragmatic connection in planning theory[J]. Journal of the American Planning Association, 50: 335-345.

[25] Hoch C. 1984b. Pragmatism, power and planning [J]. Journal of Planning Education and Research, 4: 86-95.

[26] Hoch C. 1994. What Planners Do [M]. Chicago: Planners Press.

[27] Hoch C. 1996. A pragmatic inquiry about planning and power [R]// Mandelbaum S, Mazza L. Explorations in Planning Theory. Brunswick:Center for Urban Policy Research.

[28] Hoch C. 2007. Pragmatic communicative action theory[J]. Journal of Planning Education and Research, 26: 272-283.

[29] James W. 1991[1907]. Pragmatism [M]. Amherst, NY: Prometheus Books.

[30] James W. 2003[1912]. Essays in Radical Empiricism [M]. New York:Dover Publications.

[31] Lauria M, Whelan R. 1995. Planning theory and political economy:The need for re-integration[J]. Planning Theory, 14: 8-33.

[32] Lindblom C E. 1990. Inquiry and Change:The Troubled Attempt to Understand and Shape Society [M]. New Haven: Yale University Press.

[33] Menand L. 2002. The Metaphysical Club [M]. London:

Flamingo，Harper Collins.

[34] Putnam H. 1995. Pragmatism：An Open Question [M]. New York：Blackwell.

[35] Rorty R. 1979. Philosophy and the Mirror of Nature [M]. Princeton：University of Princeton Press.

[36] Rorty R. 1982. Consequences of Pragmatism [M]. Minneapolis：University of Minneapolis Press.

[37] Rorty R. 1998. Achieving our Country [M]. Cambridge，MA：Harvard University Press.

[38] Rorty R. 1999. Philosophy and Social Hope [M]. London：Penguin.

[39] Sandercock L. 2003. Out of the closet：The importance of stories and storytelling in planning practice[J]. Planning Theory and Practice，4：11-28.

[40] Schön D. 1983. The Reflective Practitioner [M]. New York：Basic Books.

[41] Throgmorton J. 1996. Planning as persuasive story-telling [M]. Chicago：University of Chicago Press.

[42] Verma N. 1996. Pragmatic rationality and planning theory [J]. Journal of Planning Education and Research，16：5-14.

[43] Verma N. 1998. Similarities，Connections，Systems：The Search for a New Rationality for Planning and Management [M]. Lanham，Maryland：Lexington Books.

[44] Wagenaar H. 2011. Meaning in Action：Interpretation and Dialogue in Policy Analysis[M]. New York：M. E. Sharpe.

第 8 章重要文献回顾

[1] Bent F. 2016. Aristotle，Foucault and progressive phronesis：Outline of an applied ethics for sustainable development[J]. Planning Theory，7-8：65-83.

[2] Charles H. 1996. A pragmatic inquiry about planning and power[R]// Mandelbaum S J，Mazza L，Bruchell R W.

Explorations in Planning Theory. New Brunswick，NJ：Center for Urban Policy Research：30-44.

[3] Donald S. 1983. From technical rationality to reflection in action［M］//Schon D. The Reflective Practitioner. New York：Baxic Books：21-69，357-359.

[4] Harper T L，Stanley M S. 1995. A classical liberal （libertarian） approach to planning theory［R］//Sue H. Planning Ethics：A Reader in Planning Theory，Practice and Education. New Brunswick，NJ：Center for Urban Policy Research：11-29.

[5] John F. 1993. Understanding planning practice：An empirical，practical and normative account［M］//Forester J. Critical Theory，Public Policy， and Planning Practice. Albany，NY：State University of New York Press：15 - 35，165.

[6] Niraj V. 1996. Pragmatic rationality and planning theory［J］. Journal of Planning Education and Research，16：5-14.

第三部分　规划理论的当代运动

第9章 导言:规划理论当代动态

> 人们总是叫嚷着要创造一个更好的未来。
>
> ——米兰·昆德拉(Kundera,1982)[22]

> 相信进步并不意味着相信已经发生的进步。那不需要去相信。
>
> ——弗兰茨·卡夫卡(Kafka,2006)[49]

21 世纪以来,规划理论学者讨论着各种理论方法相对的优缺点。随着过去 25 年间对社会、政治、经济和生态世界复杂的不均匀性有了了解,规划理论和实践既需要,同时也正在进行着实质性的修正,这一点已经十分明显。本部分阐述了当前流行的各种理论,从现代主义的和结构主义的到后现代主义的和最新的后结构主义的思想都有。

各种创见和设想之间的联系和交叠非常之多。不过,我们试着将反映不同思想的文献区分开来,理论学者们研究的就是这些思想。在第 10 章,我们介绍了一些与规划中的"沟通转向"有关的作者。在第 11 章,我们将规划的网络、关系和制度观放在一起,一般将其理解为管治行动。第 12 章反映的是某些规划学者的工作,他们汲取、改编和发展源自后结构主义哲学、社会科学甚至是物理学和生命科学中的概念(特别是与复杂性概念相关)。

我们在沟通规划理论这个标签下介绍的一系列思想与约翰·弗雷斯特、朱迪斯·英尼斯和帕齐·希利等几位作者的关系格外紧密,其中有些概念还可追溯到约翰·弗里德曼的《重溯美国:互动式规划的理论》①(1973 年)一书。"沟通"这一术语源

① 英文书名为 Retracking America: A Theory of Transactive Planning。

自约根·哈贝马斯（Habermas，1984[1981]；1987[1981]）关于沟通行动的概念。但是，不少在规划领域内发展沟通理论的学者并没有把哈贝马斯有关理想主义希望的观点——创造一个基于共识的由司法组织起来的民主社会——一并加以采纳。相反，他们对规划行动的沟通实践比较感兴趣，其中包含了已经被分化出来的协作概念，以及在碎片化的、充满冲突和不确定性的环境下相互包容地"一起工作"的思想。

哈贝马斯的著作自 20 世纪 80 年代起传入中国（Davies，2007），尤其是他交往理性和交往行为[②]的概念。许纪霖（Xu，2004）援引哈贝马斯关于公共领域的思想，将其作为一种理想化的自由对话状态去限制国家权力的运行（Davies，2007）[66]，而童世骏[（Tong，2001）[22]，引自戴维斯的文章（Davies，2007）[67]]则认可"在只受到更好理性之力的激发"而建立共识的观点。

不过，正如戴维斯（Davies，2007）[69]所说，将沟通理性作为一种建立理想行为准则的模板，这种处置方法忽略了权力问题以及哈贝马斯所称的"不恰当地"让另一方加入的重要性。在西方理论界早期对哈贝马斯思想的引用当中，这种忽略也十分典型。不过，在现已出版的案例分析当中对工具论、游说、压制、深层差异和不可化约的冲突的描述已经开始表明，在 21 世纪初，理论学者几乎已无法忽略经济、权力和政治等问题（参见第 10 章）。这强化了弗雷斯特（Forester，1999）[ix]将规划实践视为一种更高层次的政治努力的观点，规划从业者在"面对政治不平等、种族主义、地盘战以及对穷人的系统性边缘化和排斥"的情况下做着努力。

是否除了小群行动者以外，其他人都不可能达成共识？既然所有的决策都需要对价值观进行一定的排序，会让某些价值观相对地压制和/或排斥其他价值观，那么一个决策下总会有"局外人"：他们的价值观没有被纳入进来。在有"我们"的地方，就有被排除在外的"他们"。"他们"（无论是从价值观、利益和观念，还是人类与/或非人来说）本质上就是局外人。

看上去似乎很多决策"是争胜性的，并不一定是大家自愿的"（Hillier，2003）[42]。米歇尔·福柯（Foucault，1982；1984）所

② 哈贝马斯的 Communicative Rationality 在国内有两种翻译方法，一种是指"交往理性"，一种是指"沟通理性"，前者更多见于哲学和社会学论著。在规划领域中，一般将 Communicative 翻译成"沟通"而不是"交往"——译注。

理解的争胜是一种竞争性、战略性博弈或"体育性的关系,其特征在于它是种诠释和预测的比赛"(Foucault,1994)[238]。他继续写道:"博弈的技艺并不是要控制某个反对的行动者,而是预测并利用它的干预能力,进而制定自己的(反)干预战略"(Foucault,1982)[238]。

福柯认为,具有自主能力的行动者之间的争胜行为是高度政治化的,而不像哈贝马斯的交往行为用规则取代了政治[3]。争胜主义的目的是"主导对抗性冲突,从而建设性地(而不是破坏性地)将情绪调动起来,推动无歧视的决策的达成。这个决策并不完全是大家自愿的,但它尊重并接受无法解决的分歧"(Hillier,2003)。结果无法提前预测,而且都是不确定的。

人们越来越认识到存在"一个不停地变化、生成和出现各种机会的世界"(Doel,1996)[421],空间规划理论与实践正是通过设想和体验这个世界,来尝试应对复杂性和不确定性。如果世界由各种波动和流构成,那么空间规划师如何在无法确定[4]的情况下影响并"管理"环境呢?我们是否能够发展出暂时性的、实用的争胜主义的理论和习惯做法,它能够把潜在性和机遇展现出来,也能够在差异和歧义存在时发挥作用?

本部分第 12 章介绍的理论探讨无法提供这些问题的确切答案,但它们确实利用了批判性思辨。好几位作者引用了法国社会哲学家如米歇尔·福柯、雅各·德里达、吉尔·德勒兹、雅各·拉康和费列克斯·瓜塔里等提出的后结构主义观点。涉及规划的后结构主义理论主要有在复杂相对性文脉下对意义和行动的确定,在此文脉下,行为体(人类和非人)之间的关系是竞争性的,意义和身份也不是固定的,当新的解释和识别出现时,它们就会发生变化。在复杂的连接和分裂过程中,在行动体(包括空间规划理论学者和从业者)及其情景化的知识[5]不断折叠和断裂之中,世界在构建着。

乔纳森·默多克(Murdoch,2006)[16-18]概括了后结构主义思想对规划理论的几个重要启示[6]:(1)概念是开放性的、变动的、不是描述式的而是能够产生共鸣的;(2)需要将概念放在实施

③ 参见奥斯特林克(Oosterlynck,2010)等人所举的比利时空间规划的例子。

④ 无法确定性是雅各·德里达(Derrida,1988[1977])发展出的一个概念,它"使所有决策都(永远)出现了变成另外一种情况的可能性"(Lucy,2004)。

⑤ Situated Knowledges 是女性主义思想中的一个核心概念,即所有知识都是具体视域的并受情境制约。美国科学哲学家、女性主义家唐娜·哈拉维(Haraway Donna)对之进行了发展——译注。

⑥ 是对后结构主义更深入的介绍,参见《国际城市规划》2010 年第 5 期专辑《后结构主义视角下的空间规划》——译注。

的背景下；（3）空间是易变的，不是固定的；（4）理论并不指向对（单纯）真理的理解，而是一种"向前行的实际方法"（Thrift，1996）[304]，且能意识到自身背景的局限性；（5）理论强调"正在通过遭遇而产生的效果"，而不是"有意设计出的代码和象征"（Thrift and Dewsbury，2000）[415]；（6）遭遇可以是对意义、身份和习惯准则进行支配和限定时的尖锐冲突。

上述要点与第二部分概述过的早期理论观点是彻底的决裂。不过，还是可以根据第三部分提到的后现代主义和后结构主义思想，来追溯对破碎化与多样性以及实践智慧和实用主义的关注。

许多理论学者都抗拒这样的观点，即"没有清晰的边界、没有明确的本质、没有截然的区分"，有的只是"紊乱的存在……根茎与网络"（Latour，2004）[24]。当前地理界和规划界主要讨论尺度究竟是水平的、垂直的还是平面的；网络式的比拟比"根茎式的"比拟优越在哪里；人和场所嵌在社会、经济和政治关系当中有何不同，或者他们与这些关系之间的牵扯；如何对主体性和身份、人类与非人、杂交种与半机械人进行概念化；正式与非正式之间的区别。

我们失望地注意到，当前规划界缺乏理论灵感，这一结论的得出要直接归功于女哲学家与心理学家如汉娜·阿伦特、罗斯·布雷多蒂、伊丽莎白·格罗斯、露丝·伊利格瑞、梅兰妮·克莱因、朱丽娅·克里斯蒂娃、尚塔尔·墨菲等人的研究，即"出现了女性问题的直接缺失"（Milroy，1994）[144]。但贝丝·摩尔·米尔罗伊（Milroy，1991；1992；1994）是一个明显的例外，她受布雷多蒂、格罗斯和伊利格瑞的思想启发，阐述了女性如何为规划实践"出汗出力，而不是出点子"，然而她们在规划理论研究中所起的基础作用通常"未被认可"（Milroy，1994）[148]。十多年过去，新一代女性规划理论学者早就应该学习米尔罗伊了。

女性主义地理学家多琳·玛西曾经断言空间——以及空间规划——从未封闭过："总是有——'在时间'的任何时间点上——需要建立的连接，和会最后发育为相互作用的并置（或者无法发育,因为所有的连接都需要建立),以及可以或无法形成的关系"(Massey,1998)[28][7]。空间无法预测,但是空间规划实践一定与未来有关,与以全新的方式思考可能性和潜在性有关,这种思考是为了给未来的人制定一个民主的、包容性的"计划"。

这可以是人们希望的一种实用主义理论和实践,是我们城市和乡村地区内的一种新型竞争或竞赛,在这些地区,有可供民主讨论意符(如"一座好的城市""可持续性""多元文化主义"等)的意义和所指的世界性(Stengers,2005)的空间。规划理论和实践必须与未知事物的复杂多样性特征打交道,这些特征由各式各样不同的欲望、需求和愿望构成,且受它们影响。因此,我们认为规划理论学者和从业者需要以"在将来时对未来的信念"为本(Deleuze,1994[1968])[6]。

真正属于中国的规划理论必须反映当代中国社会的特点,必须从中国自己制度创新的高度去理解。同时,每个时期的理论也只有相对的正确性,即只能对一定时期的规划工作有指导意义而不可能永远正确。因此,规划理论研究应该大大增加对所在社会背景和社会变迁的分析,理解不同时期、不同城市中规划应该并且可能扮演的角色。正是不同社会、不同时期的社会要求界定了规划工作的内容,而规划理论的变迁,其本质是在特定社会中一种不断的制度创新。因为是创新,所以一定时期的规划理论只具有相对的正确性。规划理论可能失误,然后我们将修正失误,继续创新,从而表现出理论发展轨迹的曲折性。只要社会在发展变化,就会有对相应制度安排的新要求,规划职业就会存在,规划理论就将继续发展。对此,我们充满自信[8]。

第9章参考文献

[1] Deleuze G. 1994[1968]. Difference and Repetition[M]. Patton P, tran. London: Athlone.

⑦ 引自默多克的著作(Murdoch, 2006)[20]。
⑧ 见张庭伟的文章(Zhang,2006)[18]。

［2］ Davies G. 2007. Habermas in China［J］. The China Journal, 57：61-84.

［3］ Derrida J. 1988［1977］. Limited Inc［M］. Evanston, IL： Northwestern University Press.

［4］ Doel M. 1996. A hundred thousand lines of flight：A machinic introduction to the nomad thought and crumpled geography of Gilles Deleuze and Félix Guattari［J］. Environment and Planning D(Society and Space)，14：421-439.

［5］ Forester J. 1999. The Deliberative Practitioner［M］. Cambridge, MA： MIT Press.

［6］ Foucault M. 1982. The subject and power［M］// Dreyfus H, Rabinow P. Michel Foucault：Beyond Structuralism and Hermeneutics. Brighton：Harvester：214-232.

［7］ Foucault M. 1984. What is enlightenment［M］// Rabinow P. The Foucault Reader. New York：Pantheon：32-50.

［8］ Foucault M. 1994. Le Sujet et le Pouvoir ［M］. Paris：Gallimard.

［9］ Friedmann J. 1973. Retracking America：A Theory of Trans-active Planning［M］. New York：Anchor Press.

［10］ Habermas J. 1984［1981］. The Theory of Communicative Action：Reason and the Rationalisation of Society［M］. Boston：Beacon Press.

［11］ Habermas J. 1987［1981］. The Theory of Communicative Action：System and Lifeworld：A Critique of Functionalist Reason［M］. Boston：Beacon Press.

［12］ Hillier J. 2003. "Agonizing" over consensus：Why Habermasian ideals cannot be "real"［J］. Planning Theory, 2：37-60.

［13］ Kafka F. 2006. The Zürau Aphorisms［M］. London：Random House.

［14］ Kundera M. 1982. The Book of Laughter and Forgetting ［M］. London：Faber and Faber.

［15］ Latour B. 2004. Politics of Nature［M］. Cambridge, MA：

Harvard University Versity Press.

[16] Lucy N. 2004. A Derrida Dictionary[M]. Oxford:Blackwell.

[17] Massey D. 1998. Power-geometries and the Politics of Space-time[M]. Heidelberg:Heidelberg University.

[18] Milroy M B. 1991. Taking stock of planning, space and gender[J]. Journal of Planning Literature,6(1):3-15.

[19] Milroy M B. 1992. Some thoughts about difference and pluralisme[J]. Planning Theory,7-8:33-38.

[20] Milroy M B. 1994. Values, subjectivity, sex[M]//Thomas H. Values in Planning. Aldershot:Avebury:140-161.

[21] Murdoch J. 2006. Post-Structuralist Geography[M]. London:Sage.

[22] Oosterlynck S, Swyngedouw E. 2010. Noise reduction:The postpolitical quandary of night flights at Brussels airport[J]. Environment and Planning A, 42(7):1577-1594.

[23] Stengers I. 2005. The cosmopolitical proposal[M]// Latour B, Weibel P. Making Things Public:Atmospheres of Democracy. Karlsruhe and Cambridge,MA:ZKM/Center for Art and Media and MIT Press.

[24] Thrift N. 1996. Spatial Formations[M]. London:Sage.

[25] Thrift N, Dewsbury J-D. 2000. Dead geographies and how to make them live[J]. Environment and Planning D(Society and Space), 18:411-432.

[26] Tong S. 2001. Habermas and the Chinese discourse of modernity[J]. Dao:A Journal of Comparative Philosophy, 1(1):22.

[27] Xu J. 2004. Liang zhongziyou he minzhu[M]// Luo G. SiXiang WenXuan 2004. Nanning:Guangxi Normal University Press.

[28] Zhang T. 2006. Planning theory as an institutional innovation:Diverse approaches and nonlinear trajectory of the evolution of planning theory[J]. City Planning Review,30(8):9-18.

第 10 章　沟通实践与意义的协商

讲真话并不是件简单的事。

——利格特(Liggett,1996)[299]

规划理论的兴趣之所以转向沟通实践和意义协商是源自这样一种理解，即"我们是多样化的人群，居住在一个复杂的经济社会关系网络中。在这样的网络中，我们可能会发展出非常不同的方式来看待世界，确认自身利益和价值，对其进行推理以及考虑我们和他人的关系"(Healey,1996)[219]。相应地，如果规划实践要满足利益相关者的诉求，那么个人以及团体之间对于不同的价值观、阐释和愿望的沟通便显得至关重要。规划的"力量"并不在于它的正式过程、法律基础或政治作用，而在于规划所涉入的社会关系中进行的沟通实践。

20 世纪 90 年代初，对经验实践情景进行考查的研究人员提出，解决复杂的政策问题需要对不同群体如何构建其情景有更加深刻的了解(Schön and Rein,1994)。他们强调交互、审议程序的重要性，这些程序包括认可其他群体的价值观和看法，协调各种价值立场的内在含义，为诉求的合理辩护做清晰表达并找出共同的倾向与愿望[详见芬奇等人的著作(Fischer and For-ester,1993)]。要有效地做到这点，即能够倾听"所有的声音"，就意味着要立足于地方层面来开展工作。正如哈杰尔和瓦格纳尔(Hajer and Wagenaar,2003)[7]所评论的："这种对于公共政策的审议途径强调共同地、实用地、参与地解决地方性问题，其前提是这样一个认识，即许多问题过于复杂、极具争议、充满不稳定因素，因此难以进行有章法的规范。"20 世纪 90 年代末至 21

世纪初,一种新型规划理论的影响在世界范围内与日俱增,这便是"交往"或"协作"规划。它发端于 20 世 80 年代中期,从约翰·弗雷斯特(Forester,1982;1985)的"批判实用主义"、朱迪斯·英尼斯(Innes,1990)的社会指标建设和帕齐·希利(Healey,1983;1990;Healey et al,1988)对于政策执行实践的研究发展而来。

本章我们介绍的作者都致力于去理解规划师在职业实践中的工作。其中几位作者立足于各类话语分析,直接或间接地借鉴米歇尔·福柯的著作,从各种不同话语群体的视角来考察规划实践者的日常工作。这些作者考量规划实践及其书面和口头的"文本",调查参与者所使用的语言和意象的形式,他们在规划中所建构、表达和进行合法化的意义,以及这些意义所代表和引发的权力关系。

然而这些对于沟通和对话的强调都不是新鲜事物。约翰·弗里德曼早在 1973 年出版的《重溯美国:互动式规划的理论》[①]一书中就强调了知识与行动以及对话与学习之间关系的重要性。弗里德曼是最早认识到某种"互动、对话风格"的"后欧几里得式"规划的人之一(Friedmann,1998)[31],这也使他与传统假设决裂,后者认为沟通只是来自规划师的单向过程;而弗里德曼倡导对话关系,将之作为规划师和其他参与者互相学习的基础。互动式规划"使得规划理论的话语从规划(即一种"控制工具")转向规划(即一种"创新"和"活动")。如此一来,就引出了以下问题:应该用什么样的价值来指导我们的实践,应该采用什么战略,如何才能更进一步促进社区和/或利益相关者的参与"(Friedmann,2003)[8]。

弗里德曼的理论所采纳的观念——现实是一种社会建构,是非线性的和偶然性的,反映了 20 世纪六七十年代的主要哲学转变(详见第一部分、第三部分)。他的互动理论已不再仅仅停留在对社区知识和价值观及价值观的不确定性的理解上,而是对规划师应该做什么和需要做什么提出了规范化的强调。该理论对于"对话的生活"(Friedmann,1973)[177]的强调彰显了以下特

① 英文书名为 Retracking America:A Theory of Transactive Planning——译注。

征:即承认多样性或"他者",并将其作为有意义沟通的基础;认识到道德判断、情感和同情的重要性;承认冲突,承认存在共同利益、义务和互惠互利;等等(Friedmann,1973)[183]。所有这些已经提前预测了几年后在规划理论和实践中出现的所谓"沟通转向"。此外,弗里德曼对于"互动式规划之道"的强调,说明了"所有事物都要经历自身的转变"。他所提出的训谕——"敞开思想的大门,迎接即将到来的事物"(Friedmann,1973)[189]可谓开了最近发展起来的复杂性理论之先河,这将在下文进行概述。

也许1973年的规划理论界还没有做好接受上述观念的准备,因为它仍笼罩在政治经济学大讨论的影响下(详见第6章)。直到1989年弗雷斯特的《面向权力的规划》出版后,理论家们才开始关注程序性的问题,如规划师在实践中如何更加有效地行动并贯彻政策理念。同时,这些理论家倾向于"被一种民主参与的规划理想所驱动"(Taylor,1998)[123],这也反映了20世纪八九十年代在政治学和哲学领域对于公众参与及审议民主的本质和潜在作用的广泛思辨②。

1980年,弗雷斯特提出德国批判理论③的某些方面在空间规划和公共政策制定的实践中可以发挥重要作用,因为这些理论提供了一种对于行为(一名规划师的所作所为)的新理解,即将规划师的行为视为受关注影响的(沟通行为)而非将其狭隘地理解为一种为达目的而采用的手段(工具行为)。弗雷斯特结合了语言哲学、实用主义(详见第8章)和批判理论中的洞见,将其应用在对规划实践的研究上,借此表明规划实施所牵涉的内容远远不止是基于理性方法和原则的判断,规划实践者更是在语言、社会和文化的审议中构想建议并加以实施。弗雷斯特的深刻见解受到德国哲学家约根·哈贝马斯的影响,后者将沟通行为总结为"一种对于人性化的集体生活的信念,建立在脆弱的创新传承形式以及互惠互利和非强制性的每日平等交流上"(Habermas,1985)[12]。弗雷斯特和其他理论家④尤其受这种互利、平等的沟通概念的启发。特别在于,正是哈贝马斯通过沟通行为思想指明了一种规范性判断,即人们应该在相互交往过程

② 如曼斯布里奇、巴布尔、德雷泽克的著作（Mansbridge，1980；Barber，1984；Dryzek，1990）。

③ 指德国法兰克福学派从霍克海默到哈贝马斯的 Critical Theory——译注。

④ 萨格尔的著作(Sager,1994)。

中力图达到以下目的：理解、真诚、正当和真实（Habermas，1984[1981]；1987[1981]）。尽管我们应当承认现实有时与哈贝马斯的"理想对话状态"相反，但正如中国学者童世骏（Tong，2001）有关建立共识的论述和许纪霖（Xu，2004）关于审议民主的研究中所表明的那样，以上四个标准仍为我们提供了可以定为目标的理想，这也是哈贝马斯的理论对于规划理论（和实践）的价值所在。

弗雷斯特（Forester，1989）将这种语言哲学与批判理论相结合，认为实践中的规划审议主要依靠规范性的先决条件（如理想对话状态）来使民主审议成为可能。他随后又制定了一项研究议程来考察对于这些前提的认识（以及对它们的滥用）如何在不同语境下为理解和改进规划的建议提供资源。他建议，我们不需要将注意力放在设定为目标的理想上，而是应该考虑我们微妙复杂的规划意见如何将那些规范作为曲解或促进规划判断的源泉进行推进。此外，我们需要设计出相应的规划审议形式，用以将技术知识和实践判断中的道德敏感性加以综合考虑。这也就是为什么弗雷斯特将其注意力转向了能够进行协商与调解的实践艺术。

弗雷斯特（Forester，1989）提出了一系列具有诊断功能的问题，以便探索如何实施沟通实践。这些问题包括如何在规划师和利益相关者之间进行协商和调解。他不仅强调了"扭曲的沟通"在强化现存权力关系方面的实际效用，同时也强调了"包容性论证"所具有的转化权力关系的潜力，它可以赋权给不利/边缘的群体，这样他们可以通过哈贝马斯所说的"更好论证的力量"在规划决策的制定过程中具有更大的影响力。

弗雷斯特研究的目标是探索那些规划从业者所需要的技能，以便在被"强大资本社会"的"政治现实"所限制的环境中、在面对权力时能够更为有效地发挥作用（Forester，1989）[3]。这样的技能不仅包括使交谈和写作具有可理解性、真诚性、正当性和真实性，还包括注意沟通互动发生的语境，倾听[5]和预测压力（Forester，1996b）。上述观点将规划实践视作一种高度政治化

⑤ 亦参见弗雷斯特的文章（Forester，1996a）。

的活动,在这种观点下,从业者"在面对政治上的不平等、种族主义、地盘战争、系统性的边缘化和对穷人的排斥时",通过行动来有选择地、更有效地塑造关注、信仰和希望(Forester,1999)[ix]。

　　弗雷斯特的理论发端于对实践中的微观政治的考察,在其后续发展中得到许多研究者的应和,案例研究比比皆是。许多此类研究引用现实中的一手资料,展现了从业者通过自己的声音详尽讲述的亲身故事,帕齐·希利(Healey,1992)的文章《一位规划师的一天》[⑥]正是如此。在该文中,作者追踪一名资深规划师,经历了一个工作日中的两个事件。正如弗雷斯特(Forester,1999)[26]所评价的:"规划师和政策分析师面对这些故事并对其仔细观察,将从实践中探悉到他们所处的世界是如此的不稳定、充满竞争、深受政治影响并且令人惊讶。"

　　一旦人们将关注由对"现实"的陈述转向对意义的协商,故事和叙事便变得重要起来。这些丰富而杂乱、时常情绪化的故事打开了一扇视窗,从中可看到规划实践中的日常生活政治、伦理道德和合理性(Forester,1996a;Sandercock,2003a;2003b;Eckstein and Throgmorton,2003)。例如,莱奥妮·桑德科克(Sandercock,2003a)[12]的研究就表明这些故事"在理解人类状况以及城市状况时,经常能够比传统的社会科学提供的理解内涵更为丰富"。

　　弗雷斯特运用话语批判分析来揭示规划建议中的内在规范性特征,而詹姆斯·斯罗格莫顿(Throgmorton,1996)则转向修辞和叙事。斯罗格莫顿的研究着眼于在政策制定过程中公共演讲和论辩中的"故事讲述"。他认为规划实践是一种上演出来的、面向未来的叙事,其中的参与者既是演员又是共同的作者(Sandercock,2003a)[20]。斯罗格莫顿使用叙事理性的概念(与哈贝马斯的观点在某种程度上形成共鸣)来表明个体和群体都在对故事的连贯性、真实性和可靠性进行"测试"。但是,基于其自身的实践经验,他也提出了这样的问题,即当相互冲突的故事各自都是连贯、真实、可靠的时候,是什么使其中一个比另一个"更好"或更有力呢?斯罗格莫顿的回答涉及故事讲述者对于倾听

⑥ 英文文章名为 A Planner's Day: Knowledge and Action in Communicative Practice。

者的说服力。他详细说明了行动者是如何使用不同的修辞方法，以求在特定语境下说服特定的观众相信各种不同的理解和行动。比如他在1990年对芝加哥电力规划中的政治活动的研究，就为"故事讲述"如何形成建议的各个角度提供了令人信服的记载。精简的工具论虽被工程科学所采纳，并为企业化的国家树为榜样来效仿，但其本质上还是依靠修辞形式和叙述传统，它既是解释工具，也是说服手段。斯罗格莫顿（Throgmorton, 1990;1996）详细阐述了"故事讲述"的概念，以此鼓励实践者运用修辞和叙事手段来理解和编制规划。学会怎样更好地讲故事不仅会提高规划的技术和道德质量，同时也会吸引其他人的注意，使这些人感到未来可能会接踵而来的结果如今变得有意义了。

1995年，英尼斯（Innes, 1995）[184]写道："在互动、沟通方面，规划胜过其他任何活动"，并声称"沟通行为和互动实践"是规划理论的一种"新兴的范式"。她的开创性的论文表明了沟通理性通过精心协调的群体审议过程可以被整合进规划决策的制定。对审议的关注产生了对直接参与和共识的强调，"审议"的观点认为，在相互商讨和辩论的语境下，最终会形成最强有力和最可取的民主社会意义。这一概念与对抗型的民主截然不同，后者认为决策应围绕相互竞争的目标和立场展开争论，并由不同种类的投票对阵来解决差异。

英尼斯1995年的论文对规划理论和国际规划实践产生了巨大的影响。然而，与其影响相比，论文中的观点更多的是被频繁误解和歪曲，以至于她最终决定有必要"澄清是非"。同样的命运也降临到希利的《协作规划》⑦（1997年）一书上，"自20世纪90年代中期以来，'协作规划'这一比拟被英国的政客、决策者利用和误用，来阐释他们想要建立一种新管治模式的雄心"（Healey, 2003）[108]。

《协作规划》一书为空间规划和管治的动态过程提供了一种"社会构成主义的相关方法"（Healey, 2003）[107]。这是一种制度主义方法，关注某个场所当中社会节点和网络的范围以及它们

⑦ 英文书名为 Collaborative Planning: Shaping Places in Fragmented Societies。

之间实际和潜在的联系(Healey,1997)[247]。尽管希利的理论借助话语伦理,并运用了诸如沟通理性和通过包容性讨论而建立共识的概念,但其研究仍然是安东尼·吉登斯(Giddens,1984)的结构理论以及结构与能动性互构之观点的延续发展。为促进空间战略规划,《协作规划》一书提出了规范化提议,即通过关注程序性问题如竞技舞台的制度设计、讨论的程序和风格,来提供一种"对于共同关注的问题更好的解决方法"(Healey,1997)[281-282]。

希利(Healey,1997;2007)的协作规划理念在中国已经受到广泛应用。执教于美国的张庭伟认识到沟通规划理论的巨大潜力,遂于 1999 年将其介绍给了中国的读者。10 年后,张庭伟等人(Zhang et al,2009)撰文,认为协作规划将有助于在中国实施"一种科学理性的、可操作的土地利用规划"。当然必须注意到的是,实际上希利在其研究中试图脱离"科学理性"范式的支配。过去的 10 年见证了中国公共参与战略的增加,而沟通/协作规划理论为空间规划师提供了一种有效的方法论框架来进行参与式的规划实践(Yuan,2004;Zhang,1999;2006;Liu,2011)。

被转译到规划理论中来的哈贝马斯(Habermas,1984[1981];1987[1981])沟通行为理论的关键宗旨之一便是协作、审议过程,在这样的过程中,参与者共享知识和意义,具有建立共识过程和产生社会认同的潜力。英尼斯和大卫·布赫(Innes and Booher,1997)[2]都认为,"建立共识将变成一种在不同的群体和利益之间建立桥梁的方式,它为摸索解决看似棘手问题的新方法提供了机遇,而传统的分析和决策过程都无法解决这些问题"。1999 年,英尼斯和布赫用案例表明共识的建立往往是缓慢地、试探性地、断续地发展起来的,是一种"推测性的修补"或"拼装"。这种协作审议必然是长期的,因为如果要找到具有共识性的互惠解决方法,就需要精心细致的措施,从而慢慢培养出利益相关者之间的相互信任、尊重和互惠(Innes and Booher,1999)[412]。有关英尼斯和布赫在沟通决策制定方面的研究精简后被收录在他们的《带着复杂性进行规划》[⑧](2010 年)一书中。

⑧ 英文书名为 Planning with Complexity——译注。

不幸的是，指代"沟通""协作""共识"的词汇在世界各地被作为规划本身的新定义而被采纳和物化。由此，对在规划中进行沟通和建立共识的强调变成了规划就是沟通和建立共识（Fischler，2000）[362]。所以不出所料，批评的声音从四面八方传来。如在《规划教育与研究期刊》⑨举办的"沟通规划理论的界限"座谈会上，赫胥黎和奥伦·耶夫塔克（Huxley and Yiftachel，2000）[334]就认为，盲目聚焦于程序所造成的危害是无法思考政治与经济权力的真实情况，并对此提出了批评。他们还指出，在"沟通规划理论学者"中存在将"理论化工作与规范性的解决方案混为一谈""将理论与方法、方式与结果相混淆"的趋势（Huxley and Yiftachel，2000）[337]。此外，纽曼认为，建立共识的过程最多不过就是产生了"乏味的、过度加工的""最低限度的共同标准"而已（Neuman，2000）[346]，该标准即便不是被指派的，也不过就是一种肤浅和脆弱的共识形式罢了。阿尔门丁格（Allmendinger，2002）[206]不仅进行了同样的批评，还更进一步认为沟通规划"对'规划职业'的整个基础都提出了质疑：如果我们认为没有权威知识，只有被收集在一起的不同意见，那么我们怎么才能确定规划是一种职业呢（毕竟一个职业存在的理由正是对于权威知识的应用）"？

人们常常援引米歇尔·福柯的研究，来对被认为是以哈贝马斯理论为基础的沟通规划理论提出质疑。在这众多以福柯主义为基础的批评中，本特·弗吕夫布耶格（Flyvbjerg，1998a[1992]，1998b）的研究尤为值得注意。他对丹麦城市奥尔堡的实证研究所揭示出的证据表明，规划参与者"隐瞒了权力的运用并保护了特殊利益集团"（Flyvbjerg，1998a[1992]）[225]，而不是互惠、互信和共识。弗吕夫布耶格将"权力"和"理性"相对比，并揭示了在决定什么才算是知识的过程中权力的重要性。他声称，任何排除或忽视权力关系的过程（如那些建立在沟通行动上的过程），都将只是"无意义的或误导的"（Flyvbjerg，1998a[1992]）[227]。弗吕夫布耶格进一步论述道：一个行动者拥有的权力越大，那么他所需要的理性就越少，因为他可以通过其他方式

⑨ 英文全称为 Journal of Planning Education and Research。

来达到目标。因此理性的论辩变得只对另外那些没有权力的人有用。

2000 年,拉菲尔·费施勒提出在沟通规划理论家的深层假设和阐释与持福柯社会理论的学者之间存在着很大的共识领域。但是费施勒认为,以福柯为基础的分析为理解规划活动提供了一种潜在可能,即不仅仅将这个活动理解为人际交往的话语实践,其更是一种政府行为(Fischler,2000)[365]。由此,福柯式的分析有助于解决某些政治问题,即在本质上不平等的社会中可否实现"平等之下的公开对话"。

许多发表的案例研究都对达成共识的实施能力和可能性提出巨大的质疑,而在城市或区域层面上利益各异的众多利益相关者当中寻找这种互相包容的共识,则显得尤为困难。除了上述提到的弗吕夫布耶格的研究,保琳·麦格沃克在澳大利亚纽卡斯尔的研究则强调了"规划的权力/知识/理性系统和在包容性参与过程中引入的各种知识/理性系统之间的紧张关系"(McGuirk,2001)[208]。麦格沃克发现规划从业者"过滤"了其他利益相关者的言论,如此一来,规划师的知识结构和技术便"成了理性化体系,在该体系中,某些关于社区生活的价值观和关注被替代,而可接受的话语范围也缩小了"(McGuirk,2001)[210]。对于以上现象,持哈贝马斯观点的理论家会将其视作与"理想话语"相去甚远的"全面扭曲的沟通"案例;而麦格沃克则认为这种现象说明抛开权力和差异是不可能的。她引用尚塔尔·墨菲(Mouffe,2000)的学说来支撑自己的观点,即权力和差异构成的本质是本体论性质的,因此冲突是不可避免的结果,绝不可能达成共识。

约翰·布罗格(Pløger,2004)在对实践中争胜主义的探讨中也提到了墨菲的研究(详见第三部分第 9 章)。布罗格表明,政策问题几乎总是在争议中。资源——尤其是资金和权力资源,在利益相关者之间的分配是不均衡的。于是冲突时常产生,而规划从业者由于陷入政府的目标和公民的赋权之间进退维谷,很难管控冲突。如此便产生了一个关键性的问题,即如何发展出一套可行关系和常规做法,以便可以不依靠法律或政治决策来"解决"冲突。正是在这点上,布罗格(Pløger,2004)转向了争胜主义的概念,即持不同意见的双方是"竞争对手"而非"敌人"。他认为将冲突看作争胜性的而非敌对性的,将使从业者以不同的方式来对待冲突,从而接受不可预料性和不一致性是持续的和不可解决的这一事实,并认识到其潜在益处。总是存在一个基本的外部世界,即对于每一个"我们",都有一个"他们"。规划决策本质上都是暂时性的,但很少有人认识到这一点,结果很多能够积极处理冲突的宝贵机会就都被错过了。

弗雷斯特(Forester,2009)[3]认为,"当我们在处理权力、利益和价值观的差异时,我们往往能够做到比我们所认为的更多"。他列举了许多在现实世界中达到意见一致和调解(让步)的例子,在这些达成之前,人们曾认为这样的结果是不可能的。

瓦妮莎·沃森(Watson,2003;2006)在南非的工作揭示了可能更为严峻的冲突。该案例是对位于开普敦市区的一片非正式居住区进行"改善"的尝试,她对此案例的分析清楚表明了在规划师和被影响的居民之间有多么深的差异,这些差异体现在他们各自不同的生活世界、价值观和期望值上。伴随着罢工、绑架人质、武装军阀力量和其他暴力手段,敌对在某种程度上远远超过了"语言层面的误解"。这种深刻的社会和文化差异也许可以被"驯化"为争胜主义的冲突,但是只要从业者还"千篇一律地照搬"北半球的发展战略,而没有深刻理解其中所涉及的多元认识论(Umemoto,2001)和语境差异,成功的可能性将很小。对于中国的理论和实践来说,这也是可引以为戒的深刻教训。

不管使用的是何种术语——"沟通规划"也好(Forester,1989)、"沟通行为"也罢(Innes,1995),抑或是"协作规划"(Healey,1997)等,它们的作者都旨在表明规划理论和实践必须在认识论和方法论上同时健全,才能处理现实中冲突四起的社区中的各种突发事件。

第 10 章参考文献

[1] Allmendinger P. 2002. Planning Theory[M]. Basingstoke:

Palgrave.

[2] Barber B. 1984. Strong Democracy [M]. Berkeley： University of California Press.

[3] Davies G. 2007. Habermas in China[J]. The China Journal，57：61-84.

[4] Dryzek J. 1990. Discursive Democracy [M]. Cambridge： Cambridge University Press.

[5] Eckstein B，Throgmorton J. 2003. Story and Sustainability： Planning Practice and Possibility for American Cities [M]. Cambridge，MA：MIT Press.

[6] Fischer F，Forester J. 1993. The Argumentative Turn in Policy Analysis and Planning[M]. Durham：Duke University Press.

[7] Fischler R. 2000. Communicative planning theory：A Foucauldian assessment[J]. Journal of Planning Education and Research，19：358-368.

[8] Flyvbjerg B. 1998a [1992]. Rationality and Power [M]. Chicago：University of Chicago Press.

[9] Flyvbjerg B. 1998b. Empowering civil society：Habermas， Foucault and the question of conflict [M]// Douglass M， Friedmann J. Cities for Citizens. Chichester：Wiley：185-211.

[10] Forester J. 1980. Listening：The social policy of everyday life [J]. Social Praxis，7(3-4)：219-232.

[11] Forester J. 1982. Planning in the face of power[J]. Journal of the American Planning Association，Winter：67-80.

[12] Forester J. 1985. Critical Theory and Public Life [M]. Cambridge，MA：MIT Press.

[13] Forester J. 1989. Planning in the Face of Power [M]. Berkeley：California University Press.

[14] Forester J. 1996a. The rationality of listening，emotional sensitivity，and moral vision[M]// Mandelbaum S，Mazza L， Burchell R. Explorations in Planning Theory. New

Brunswick, NJ: CUPR, Rutgers: 204-224.

[15] Forester J. 1996b. Argument, power, and passion [M]// Mandelbaum S, Mazza L, Burchell R. Explorations in Planning Theory. New Brunswick, NJ: CUPR, Rutgers: 241-262.

[16] Forester J. 1999. The Deliberative Practitioner [M]. Cambridge, MA: MIT Press.

[17] Forester J. 2009. Dealing with Differences [M]. Oxford: Oxford University Press.

[18] Friedmann J. 1973. Retracking America: A Theory of Transactive Planning[M]. New York: Doubleday.

[19] Friedmann J. 1998. The new political economy of planning: The rise of civil society[M]// Douglass M, Friedmann J. Cities for Citizens. Chichester: Wiley: 19-35.

[20] Friedmann J. 2003. Why do planning theory[J]. Planning Theory, 2(1): 7-10.

[21] Giddens A. 1984. The Constitution of Society: Outline of the Theory of Structuration[M]. Cambridge: Polity Press.

[22] Habermas J. 1984 [1981]. The Theory of Communicative Action: Reason and the Rationalisation of Society [M]. Boston: Beacon Press.

[23] Habermas J. 1985. A philosophico-political profile[J]. New Left Review, 151 (5-6): 12.

[24] Habermas J. 1987 [1981]. The Theory of Communicative Action: System and Lifeworld: A Critique of Functionalist Reason[M]. Boston: Beacon Press.

[25] Hajer M, Wagenaar H. 2003. Introduction[M]// Hajer M, Wagenaar H. Deliberative Policy Analysis. Cambridge: Cambridge University Press.

[26] Healey P. 1983. Local Plans in British Land Use Planning [M]. Oxford: Pergamon Press.

[27] Healey P. 1990. Policy processes in planning[J]. Policy and Politics, 18: 91-103.

[28] Healey P. 1992. A planner's day: Knowledge and action in communicative practice[J]. Journal of the American Planning Association, 58:9-20.

[29] Healey P. 1996. The communicative turn in planning theory and its implications for spatial strategy formation [J]. Environment and Planning B (Planning and Design), 23:217-234.

[30] Healey P. 1997. Collaborative Planning: Shaping Places in Fragmented Societies[M]. London:MacMillan.

[31] Healey P. 2003. Collaborative planning in perspective[J]. Planning Theory, 2(2):101-123.

[32] Healey P. 2007. Urban Complexity and Spatial Strategies: Towards a Relational Planning for Any Times[M]. London: Routledge.

[33] Healey P, McNamara P, Elson M. 1988. Land Use Planning and the Mediation of Urban Change [M]. Cambridge: Cambridge University Press.

[34] Huxley M, Yiftachel O. 2000. New paradigm or old myopia? Unsettling the communicative turn in planning theory[J]. Journal of Planning Education and Research, 19:333-342.

[35] Innes J. 1990. Knowledge and Public Policy: The Search for Meaningful Indicators[M]. 2nd ed. New Brunswick, NJ: Transaction Publishers.

[36] Innes J. 1995. Planning theory's emerging paradigm: Communicative action and interactive practice[J]. Journal of Planning Education and Research, 14:183-189.

[37] Innes J. 2004. Consensus building:Clarification for the critics [J]. Planning Theory, 3(1):5-20.

[38] Innes J, Booher D. 1997. Evaluating Consensus-building: Making Dreams into Realities[Z]. ACSP Conference.

[39] Innes J, Booher D. 1999. Consensus building and complex adaptive systems: A framework for evaluating collaborative

planning[J]. American Planning Association Journal, 65(4):
412-423.

[40] Innes J, Booher D. 2010. Planning with Complexity[M].
New York:Routledge.

[41] Liggett H. 1996. Commentary: Examining the planning
practice conscious(ness)[M]// Mandelbaum S, Mazza L,
Burchell R. Explorations in Planning Theory. New
Brunswick, NJ:CUPR, Rutgers:299-306.

[42] Liu C. 2011. Citizen participation in Chinese urban planning:
Learning from Shenyang and Qingdao[J]. Advanced Materials
Research, 255-260:1503-1506.

[43] Mansbridge J. 1980. Beyond Adversary Democracy[M].
Chicago:Chicago University Press.

[44] McGuirk P. 2001. Situating communicative planning theory:
Context, power, and knowledge[J]. Environment and
Planning A, 33:195-217.

[45] Mouffe C. 2000. The Democratic Paradox[M]. London:
Verso.

[46] Neuman M. 2000. Communicate this! Does consensus lead to
advocacy and pluralism[J]. Journal of Planning Education and
Research, 19:343-350.

[47] Pløger J. 2004. Strife: Urban planning and agonism[J].
Planning Theory, 3:71-92.

[48] Sager T. 1994. Communicative Planning Theory[M].
Aldershot:Avebury.

[49] Sandercock L. 2003a. Out of the closet: The importance of
stories and storytelling in planning practice[J]. Planning
Theory and Practice, 4(1):11-28.

[50] Sandercock L. 2003b. The power of story in planning[M]//
Cosmopolis II:Mongrel Cities in the 21st Century. London:
Continuum:181-204.

[51] Schön D A, Rein M. 1994. Frame Reflection: Toward the

Resolution of Intractable Policy Controversies [M]. New York:Basic Books.

[52] Taylor N. 1998. Urban Planning Theory since 1945 [M]. London:Sage.

[53] Throgmorton J. 1990. Passion, reason and power: The rhetorics of electricity power planning in Chicago[J]. Journal of Architectural and Planning Research, 7(4):330-350.

[54] Throgmorton J. 1996. Planning as Persuasive Storytelling: The Rhetorical Construction of Chicago's Electric Future [M]. Chicago:University of Chicago Press.

[55] Tong S. 2001. Habermas and the Chinese discourse of modernity [J]. Dao:A Journal of Comparative Philosophy, 1(1):22.

[56] Umemoto K. 2001. Walking in another's shoes: Epistemological challenges to participatory planning [J]. Journal of Planning Education and Research, 21:17-31.

[57] Watson V. 2003. Conflicting rationalities:Implications for planning theory and ethics[J]. Planning Theory and Practice, 4:395-407.

[58] Watson V. 2006. Deep difference:Diversity, planning and ethics[J]. Planning Theory, 5(1):31-50.

[59] Xu J. 2004. Liang zhongziyou he minzhu[M]// Luo G. SiXiang WenXuan 2004. Nanning:Guangxi Normal University Press.

[60] Yuan L. 2004. Communicative planning and public participation[J]. City Planning Review, 28:73-77.

[61] Zhang T. 1999. From "Speaking Truth to Power" to "Communicative Planning"[Z]. City Planning Review.

[62] Zhang T. 2006. Planning theory as an institutional innovation: Diverse approaches and nonlinear trajectory of the evolution of planning theory[J]. City Planning Review, 30(8):9-18.

[63] Zhang X, et al. 2009. Application of Communicative Planning Approach in China's Comprehensive Land Use Planning[Z]. Anhui Agricultural Science Bulletin.

第 10 章重要文献回顾

[1] John F. 1973. The transactive style of planning[M]// John F. Retracking America：A Theory of Transactive Planning. New York：Doubleday：171-193，255.

[2] John F. 1989. Understanding planning practice[M]// John F. Planning in the Face of Power. Berkeley：University of California Press：137-162，236-246.

[3] James A T. 1996. The argumentative or rhetorical turn in planning[M]//James A T. Planning as Persuasive Storytelling：The Rhetorical Construction of Chicago's Electric Future. Chicago：University of Chicago Press：3-54.

[4] Judith E I. 1995. Planning theory's emerging paradigm：Communicative action and interactive practice[J]. Journal of Planning Education and Research，14：183-189.

[5] Judith E I, David E B. 1999. Consensus-building as role-playing and bricolage：Toward a theory of collaborative planning[J]. Journal of the American Planning Association，65：9-26.

[6] John P. 2004. Strife：Urban planning and agonism[J]. Planning Theory，3：71-92.

[7] Patsy H. 1992. A planner's day：Knowledge and action in communicative practice[J]. Journal of the American Planning Association，58：9-20.

[8] Patsy II. 1997. Strategies, processes and plans[M]// Patsy II. Collaborative Planning：Shaping Places in Fragmented Societies. London：Macmillan：243-283.

[9] Raphaël F. 2000. Communicative planning theory：A Foucauldian assessment[J]. Journal of Planning Education and Research，19：358-368.

[10] Vanessa W. 2003. Conflicting rationalities：Implications for planning theory and ethics[J]. Planning Theory and Practice，4：395-407.

第 11 章　网络、制度与关系

……我们如今才真正进入到了一个多元文化并存、彼此依存的时代，为此只有在融合了文化特性、全球网络化和政策多维化等特征后形成的多元化的视角下，才能理解这个世界，把握它的变迁。

——曼纽尔·卡斯特尔(Castells,1996)[28]

本章所要介绍的思想源于社会理论发展所带来的启示。这些思想将"网络社会"的概念与对社会组织"关联性"的理解交织在一起。"关联性"作为一种研究方法，强调了社会关系对于维系人们生存的重要性，重视制度和实体基础设施在提高机动性、可达性以及连接性等方面所发挥的作用。这种观念并不是在"寻求均衡的体系"(参见第 4 章)这种措辞下来认识社会。相比之下，它强调的是社会关系的动态性、流动性以及各种关系网的复杂性。各种关系彼此相互联系、层级叠加，能量、信息和"知识"流涌动于其间(Massey,1994;2005;Graham and Healey, 1999;Healey,2004)。

正如曼纽尔·卡斯特尔(Castells,1996)所提倡的那样，关联性视角是"网络社会"寓意的基础。它已被用于对多个领域的网络组织进行分析和提升，其中既包括军事战略和管理，也包括政策分析和规划。"网络寓意"似乎不仅抓住了人处于与他人的复杂关系之中这一思想，也强调了在这些复杂关系中非正式的一面，由此与正式结构的观点分庭抗礼。网络思想强调的并非等级分明、自上而下的组织结构，而是"水平方式的"事物之间的连接、关注点的转移和资源的流通以及"网络力量"的创生。正如大卫·布赫和朱迪斯·英尼斯所认为的,这种力量与产生能量方面和实施控制方面一样强。它产生了一种共享的能力可以调动分散的智慧和对资源的控制,借此实现集体的目标,这样就减少了不利的外部效应和交易成本。借助在合作过程中实现上述共享(参见第 10 章),就可以创造出新的"制度"、新的规范和心态(Booher and Innes,2002;Innes and Booher,2010)。

但是网络思想还可以运用在不同的方面。鲍勃·博勒加德(Beauregard,2005)探索了"网络城市"的内涵,将其理解为是一种开放的、可调适的和自组织的系统。他指出这种观点的重点在于其所形成的冗余的价值而非效率的价值。他考虑到概念所具有的价值在于其"多产"的比喻,它开放了议题而且与协作规划的理念非常衔接(参见第 10 章)。但是他承认"网络"思想也可能会被消极利用从而改变最初设想的过程模式,如基础设施的所有权和管理权一旦从公共领域脱离并转入私人之手,就很难再去适应集体的目标。瓜里尼认为网络概念最适宜作为观察社会的组织和动态的一般视角(Gualini,2005),换而言之,它可以作为关联性观点的延伸。对于其他学者而言,"网络社会"是组织的一种替代模式。卡斯特尔(Castells,1996)[408]认为,它是一种赋予了"流动性空间"优先权的模式,是在全球化经济和社会背景下对于"信息社会"这一动态的回应。其他学者则将网络的概念与一种新型的社会联系起来。尼茨坎普(Nijkamp,1993)在欧洲的区域中确立了网络的一种新的政治地貌。索伦森、托费因(Sørensen and Torfing,2007)和他们的同事始终致力于研究新时期的"网络管治"概念。在此概念中,"网络"模式作为社会组织的一种新模式,常与"等级""市场"等相对比,区别在于前者属于自上而下的观点,而后者则是原子论的观点。

网络思想作为一种社会组织的选择形式和管理的模式,一经形成就引发了对于网络管治相对优势的探讨。一些规划学者将这一模式与沟通规划理论家所倡导的实践建立起紧密的联系(参见第 10 章)。然而,其他学者就非正式网络在政治上的合法性和可说明性提出了质疑,因为它毕竟游离在政府的正式机制之外。质疑的言外之意是,需要特别关注在网络当中获得的能动性力量以及如何应对该力量的衰退迹象。一种相似的批评是针对过度提高网络化组织的地位可能引发的危险展开的,其矛头指向网络化组织中所出现的空间概念。该概念在欧洲学者对于欧洲层面和次国家层面地域空间组织的讨论中得以强势发展,诸如网络城市、多核心网络以及被誉为连接"线上的珍珠"的空间走廊等概念都是在这次讨论中蓬勃发展起来的(Jensen and Richardson,2004;Dabinett and Richardson,2005;Duhr,2007;Healey,2004;Priemus,2007)。

上述关联性思想和"网络"的概念在某种程度上是在"制度主义"观重新确立之后自行发展而来的。制度主义作为社会发展的一种研究方法成熟于 20 世纪上半叶(Hodgson,2004),但随着之后人们热衷于微观经济分析方法而被逐渐淡忘。制度主义观强调了社会实践与规范、价值、心态以及社会团体和社会阶层行为模式之间相互塑造的关系。

因此,社会动态并非只是利己主义的个人行为的结果。人们身处社会世界和文化背景之中,他们的身份和思维方式也要受到社会世界和文化背景的准则和心态的影响。这些准则和心态不是固定不变的,而是在适应和创新的过程中不断发生演变,这其中包括了旨在改变惯例和文化传统的审议行为。思考的嵌入和审议模式与行动模式之间存在交互作用,社会过程的制度分析强调了市场过程和管治实践都是由上述交互作用以社会的方式建构的。由此,在管治施行者以及更为广泛的社会领域当中产生了对于未来可能性、合理性的期待。因此,这一方法对于将规划活动进行定位并放入社会文脉下很有帮助。

这一观念强调了文脉的理解对于规划活动的重要性。文脉并不只是具有特定维度和属性的周边环境,它还是构成管治计划可能情况和现实情况多种力量的集合。这里的"管治"一词泛指围绕着提升或管理政治事务所进行的活动。大多数制度主义学家都强调行为和结构是同时产生的,认为两者都是惯例的常规行为,并旨在改变惯例在有意干涉下所产生的结果。对这些不断变化的文脉特征的掌握,成为分析管治过程的人和从业者都需要关注的焦点。

然而,对"制度主义"思想的广义界定存在着很大差异。其中一种观点持续关注传统经济学中广为人知的个人的"行动者偏好"。这一观点认为,行动者在实现目标的过程中,难免会遇到规章和惯例的阻碍,进而引起"交易成本"的增加。造成这种成本的是其他行动者,增加的成本经常会转换成政府的规章制度和心态,反过来又建构着经济市场和竞争性政治的"市场"(Webster and Lai,2003)。大多数有关交易成本的文献都把论述的重点集中在削减成本的方式上,以此来释放经济活动中行动者的创新性和创造力。这种观点受到了诸如奥利弗·威廉姆森(Williamson,1975)等学者的启发,同时也引起了对于正式的政府体系——如对于规划体系如何构建的关注,由此能够公平地分摊交易成本负累。欧内斯特·亚历山大(Alexander,1995)早已将其作为自己工作的重点。克里斯·韦伯斯特和劳伦斯·赖(Webster and Lai,2003)讨论了在促使知识流通以及对"交易成本"进行分摊的组织过程中制度是如何形成的。托雷·萨格尔(Sager,2012)探讨了如何利用交易成本方法促使当权者去关注他们所造成的消极外部效应。总体来讲,这种方式忽视了对个人"需求"和期望有着塑造作用的文化因素,而从社会学角度理解社会动态会强调这一因素。

上述社会学的理解强调的是人们对于自身"利益"的认知产生于人与所处社会环境之间的相互作用。社会环境是一个多层级的现象,包括了思维假设和思维模式,它们主导了国家文化、家庭群体以及在工作群体当中所产生的特殊文化现象[1]。罗德兹(Rhodes,1997)研究了在管治背景下围绕政策发展与传播所形成的网络,称其为"政策社群"。政策社群、实践社群等概念以及它们之间的相互关系与"网络管治"的内涵是一致的。这种兴趣点触发了新的关注点,各社群之间及社群内部关系的权力动态因素便是其一,同时还包括这些兴趣点在形成对相关知识的

[1] 威戈称其为实践社群(Wenger,1998)。

理解中所发挥的作用，也就是在"认知社群"中所起到的作用（Knorr-Cetina，1999；Haas，1992）。在政策分析领域，由于不同地区的政策发展条件不同，导致了在不同参照系下进行工作——这些参照系是在不同的政策发展场景下形成的，同时导致在这些参照系下进行沟通和转译时会出现问题（Schön and Rein，1994）。这一观点也为协作性政策制定的实践与发展提供了思想背景。在此背景下，利益相关者由于已经或者可能陷入利益冲突之中，很可能会共同探查存在于各自参照系和直接利益之间的差异，这反过来会引起对参照系和内涵进行重新协商，有可能会导致身份和利益观念的转变，改变知识和权力发展及沟通的方式。

相关性和制度主义概念自 20 世纪 90 年代在规划领域复兴，不过其在整个 20 世纪早已被反复强调过。对于空间和时间内复杂性连接的考虑，本质上就是规划界所要面对的发展观。如果仅把社会看作带有自身利益的个人的集合体，社会制度的建立也仅是用来调控人和人之间的共存的话，这种连接性是很难说清楚的。需要在个人能动性这一观念以及诸如系统（参见第 4 章）、结构（参见第 6 章）和网络等更为整体的观念之间形成互动。制度主义的观点对 20 世纪 30 年代美国"新政"计划主导思想的形成具有重要作用，该思想反过来又对作为理性政策制定的规划这一概念产生了影响（参见第 4 章）。但是，由于理性规划过程的概念在管理科学领域多狭义地表述为过程的分解，其关注重点在于能够轻易被模仿并测量的对象上，却忽视了动态背景的复杂性。政治经济学视点使人们重新关注相关性的、文脉性的方法（参见第 6 章），但是却在与大量社会性实践细微之处相联系的过程中遇到了困难。这些细微之处开始受到一些学者的关注，他们探索政策是如何"实施"的，研究宏观结构性动态因素与实际地区特征之间的联系有多强。政治社会学家进行的一项研究与此类似，研究工作是在调控理论的框架下进行的，比较有名的是鲍勃·杰索普对理解在后工业（或称后福特）时代福利国家中发展起来的"调控模式"的实践所做的研究。他发展出一种"战略—相关性"方法,该方法为极为成功地重铸结构与能动性之间的关系做出了贡献(Jessop,2002)。

这些认知鼓励政策经济学家和调控理论学家开展对管治过程的经验性研究,与那些热衷于实践动态的规划研究者所进行的工作可谓并驾齐驱。这些努力的结果影响了多个领域,包括行动者、团体和网络之间的相互作用,以及他们在清晰地表述、实施并形成有关思维、话语和心态的准则和模式时所发挥的作用。例如,琼·希利尔(Hillier,2000)在澳大利亚的案例中研究了城市增长战略形成的过程,揭示了各种网络动态间的相互作用。她把网络理解为"一系列复杂的社会关系同时伴随着能量的流动"(Hillier,2000)[33],并关注人们接触网络的不同方式。她展示了网络如何形成,揭示了网络之间的竞争关系以及多重身份叠加的复杂性。同时,一些网络由于更接近政府政策和行动,因而比其他网络更为强大。她发现在接近关键的决策制定领域方面,在正式规划程序中获取的信息越少,利用非正式渠道所获得的信息量就越大、越有用。

在另一项研究中,帕齐·希利考察了欧洲城市背景下空间策略的制定实践。20 世纪 90 年代正当空间战略实践迅速发展的黄金时期[②],她把空间战略制定看作一项别有用心的尝试,其目的在于创建意义的新框架和新的惯例。为了在物质和精神上取得成效,需要集中力量对主导城市未来演变分散力量中的关键要素加以引导和协调。她对于具体的空间战略规划框架和话语中所描述的空间概念表现出了浓厚的兴趣。同时,她还强调了所使用的空间概念能够从相关性角度反映出空间动态的程度有多大,以及战略话语从以政策的形式阐述出来到被实施并发挥作用需要经历多长时间。

类似的工作逐渐开始进入思想领域,整合形成了用以分析背景下行动者的相关性认识和制度主义方法,虽然这很难做到,而且许多学者认可的是其他理论流派和标签(Albrechts and Mandelbaum,2005;Verma,2007)[③]。这整支理论流派突出强调了关注下述问题的重要性,包括动态性而非静态事物、非正式和

② 参见希利、阿尔布雷希兹、沙勒特等人的著作(Healey et al,1997;Albrechts et al,2001;Salet et al,2003;Healey,2007)。

③ 可参见最近出版的这两本论文集。

正式过程、政府发起的行动和国家体系之外自主性的作用、网络中调动管治实践而不仅仅是正式程序的行动者、结构性力量和主观能动性之间的关系，以及权力在生成和控制方面的作用。

结合相关性和制度主义的观点来阐述社会动态性的规划分析方法，开拓出了丰富的研究视角和框架，它们对理解规划活动的既定复杂性非常有帮助。这种分析方法发展迅猛，与本书第三部分论述的其他思想流派形成了"对话"。随着关注重点的确立，"网络"这一比拟可能会在概念上失去它的影响力。然而可以证实的是，以相关性视角来论述社会过程将越来越有助于理解微观政治、有助于建构动态的管治过程，而规划正是该过程的一部分。它丰富了制度主义认识下行动者、能动性和网络的内涵，而这种认识调动并形成了集体力量，主导着未来的发展。

第 11 章参考文献

[1] Albrechts L，Alden J，Rosa P A. 2001. The Changing Institutional Landscape of Planning [M]. Aldershot：Ashgate.

[2] Albrechts L，Mandelbaum S. 2005. The Network Society：A New Context for Planning [M]. London：Routledge.

[3] Alexander E R. 1995. How Organisations Act Together-Interorganizational Co-ordination in Theory and Practice [M]. Luxembourg：Gordon and Breach.

[4] Beauregard R A. 2005. Planning and the network city：Discursive correspondences [M]// Louis A ，Seymour J M. The Network Society：A New Context for Planning. London：Routledge.

[5] Booher D，Innes J. 2002. Network power for collaborative planning [J]. Journal of Planning Education and Research，21：221-236.

[6] Castells M. 1996. The Rise of the Network Society [M]. Oxford：Blackwell.

[7] Dabinett G，Richardson T. 2005. The Europeanisation of spatial strategy：Shaping regions and spatial justice through gov-

ernment ideas[J]. International Planning Studies, 10: 201-218.

[8] Duhr S. 2007. The Visual Language of Spatial Planning: Exploring Cartographic Representations for Spatial Planning in Europe [M]. London: Routledge.

[9] Graham S, Healey P. 1999. Relational concepts in time and space: Issues for planning theory and practice[J]. European Planning Studies, 7: 623-646.

[10] Graham S, Marvin S. 2001. Splintering Urbanism [M]. London: Routledge.

[11] Gualini E. 2005. Reconnecting space, place and institutions: Inquiring into local governance capacity in urban and regional research[M]//Albrechts L, Mandelbaum S. The Network Society: A New Context for Planning. London: Routledge: 284-306.

[12] Haas P M. 1992. Introduction: Epistemic communities and international policy co-ordination [J]. International Organization, 46: 1-35.

[13] Healey P. 2004. The treatment of space and place in the new strategic spatial planning in Europe[J]. International Journal of Urban and Regional Research, 28: 45-67.

[14] Healey P. 2007. Urban Complexity and Spatial Strategies: Towards a Relational Planning for Our Times[M]. London: Routledge.

[15] Healey P, Khakee A, Motte A, et al. 1997. Making Strategic Spatial Plans: Innovation in Europe [M]. London: UCL Press.

[16] Hillier J. 2000. Going round the back: Complex networks and informal action in local planning processes[J]. Environment and Planning A, 32: 33-54.

[17] Hodgson G M. 2004. The Evolution of Institutional Economics: Agency, Structure and Darwinism in American Institutionalism [M]. New York: Routledge.

[18] Innes J E, Booher D E. 2010. Planning with Complexity: An

Introduction to Collaborative Rationality for Public Policy [M]. London: Routledge.

[19] Jensen O B, Richardson T. 2004. Making European Space: Mobility, Power and Territorial Identity [M]. London: Routledge.

[20] Jessop B. 2002. Institutional re(turns) and the strategic-relational approach[J]. Environment and Planning A, 33: 1213—1235.

[21] Knorr-Cetina K. 1999. Epistemic Cultures: How the Sciences Make Knowledge[M]. Cambridge, MA: Harvard University Press.

[22] Massey D. 1994. Space, Place and Gender[M]. Cambridge: Polity Press.

[23] Massey D. 2005. For Space [M]. London: Sage.

[24] Nijkamp P. 1993. Towards a network of regions: The United States of Europe[J]. European Planning Studies, 1: 149-168.

[25] Rhodes R A W. 1997. Understanding Governance: Policy Networks, Governance, Reflexivity and Accountability [M]. Milton Keynes: Open University Press.

[26] Priemus H. 2007. The network approach: Dutch spatial planning between Substratum and infrastructure networks[J]. European Planning Studies, 15: 667-686.

[27] Sager T. 2006. The logic of critical communicative planning: Transaction cost alteration [J]. Planning Theory, 5 (3): 223-254.

[28] Sager T. 2012. Reviving Critical Planning Theory[M]. London: Routledge.

[29] Salet W, Thornley A, Kreukels A. 2003. Metropolitan Governance and Spatial Planning: Comparative Studies of European City-regions[M]. London: E & FN Spon.

[30] Schön D, Rein M. 1994. Frame Reflection: Towards the Resolution of Intractable Policy Controversies [M]. New York:

Basic Books.

[31] Sørensen E，Torfing J．2007．Theories of Democratic Net-work Governance[M]．Basingstoke：Palgrave Macmillan．

[32] Verma N．2007．Planning and Institutions［M］．Oxford：Elsevier．

[33] Webster C，Lai L W C．2003．Property Rights，Planning and Markets：Managing Spontaneous Cities［M］．Cheltenham，UK：Edward Elgar．

[34] Wenger E．1998．Communities of Practice：Learning，Mean-ing and Identity［M］．Cambridge：Cambridge University Press．

[35] Williamson O．1975．Markets and Hierarchies[M]．New York：Free Press．

第 11 章重要文献回顾

[1] Chris W，Lawrence W L．2003．Property rights，planning and markets：Managing spontaneous cities[M]// Christopher J W，Lawrence W L．Property Rights，Planning and Markets：Managing Spontaneous Cities．Cheltenham：Edward Elgar：1-28．

[2] David E B，Judith E I．2002．Network power in collaborative planning[J]．Journal of Planning Education and Research，21：221-236．

[3] Jean H．2000．Going round the back? Complex networks and informal actin in local planning processes[J]．Environment and Planning A，32：33-54．

[4] Patsy H．2004．The treatment of space and place in the new strategic spatial planning in Europe[J]．International Journal of Urban and Regional Research，28：45-67．

[5] Robert A B．2005．Planning and the network city：Discursive correspondence[M]// Louis A，Seymour J M．The Network Society：A New Context for Planning．London：Routledge：24-33．

［6］ Stephen G，Simon M. 2001. Postscript：A manifesto for a progressive networked urbanism ［M］// Stephen G，Simon M. Splintering Urbanism：Networked Infrastructures，Technological Mobilities and the Urban Condition. London：Routledge：404-420.

［7］ Tore S. 2006. The logic of critical communicative planning：Transaction cost alteration［J］. Planning Theory，5：223-254.

第 12 章　复杂性"转向"：希望、批判与后结构主义

> 这整个是一个十字路口，四通八达。
>
> ——吉尔·德勒兹（Deleuze,1995[1990]）[55]

规划理论并不是一个疆界确定的知识探究领域，而是包含了很多不同的思维方式。21世纪之后，规划理论学者和从业者遇到了越来越多的议题和"问题"，严重挑战着他们的许多传统假设。为了在规划理论和实践中了解事态的发展并塑造未来，需要通过想象力和实验来处理不确定性、叛逆性、复杂性和野性。意义和行动处于大量充满争议的关系中，在此语境下，它们以复杂的、不可预料的方式展现着。本章所介绍的理论思想中一个基本主题就是：意义不是固定的、静态的存在，当新的阐释出现时，意义以及规划理论也将随之改变。

在这一章，我们的目标是搭建一个基础来探索理论方法之间的差异和共同思路，并对最近理论中的争论和发展加以讨论。正如迪尔（Doel,1996）[421]所提出的，我们栖居的空间并不是"一个固定、既有和可预料的世界，而是一个不断变化、尚未成型和具有偶然性的世界"。在这样的环境下提出的应对方式与100多年前"启发灵感的先驱们"（详见第3章）提出的决定论式的"蓝图"或"答案"相比，已经大相径庭。当然，这两种方式多少有共通之处，即对"希望"的向往、对"科学"的信念、代表着公民（更甚者，代表着自然）对"政府"或"管治"的需要以及对空间性的强调。

多琳·玛西（Massey,2005）的《为了空间》①一书很快成为地理学中一部具有重大影响的著作。它挑战了将空间视为欧洲

---

① 英文书名为 For Space——译注。

中心主义、单一、静态、"各种活动的容器""就在那里"的传统叙事,并提出了强有力的论点,即空间应该被界定为一个不断发展的进程,具有偶然性、不稳定性,且错综复杂,是多个轨道的多元共存、相互关联。空间是暂时性的(Pløger,2004)。稳定状态的短暂性是不可避免的,因为总有"不确定之处",总会有"新的空间、新的特性、新的关系和各种差异"产生(Massey,2005)[37-38]。空间是一个动词而非名词:"塑造空间是一种行为、一个事件和一种存在方式"(Doel,2000)[125]。

莱奥妮·桑德科克认识到在规划中需要采用一种"多元认识论"(Sandercock,2003)[76],这需要"新的规划实践模式,能够让规划语言走出工具理性领域"(Sandercock,2003)[76]。她的论文《面向 21 世纪的规划创想》援引多样性(参见第 7 章)和沟通(参见第 10 章)来重申她在《世界城市 II》②(2003 年)中所表达的观点,即规划实践(还可以把规划理论补充进来)需要大胆突破传统既定的规则和假设,从而将规划视作"一项永远未竟的社会工程,其任务是在我们共享的城市空间中管理我们的共存"(Sandercock,2003)[208]。

尽管桑德科克关注西方大都市中"种族化的自由民主"(Sandercock,2003)[5],但她并非没有认识到"非—西方世界",即由譬如瓦妮莎·沃森(Watson,2003;2006)和阿图罗·埃斯科巴尔等人的著作中所表现的世界。早在 1992 年,埃斯科巴尔就认为,"被视为立场中立、令人向往和普世通用"的规划,只不过是通过套用诸如基本需求这类千篇一律的战略模板,"将贫穷的国家引荐给'经过启蒙的'世界,即西方科学和现代经济学"(Escobar,1992)[136]。诸如此类的战略往往认为,第三世界(当时的叫法)应沿着一个以欧洲为中心的"进步"理想而发展:"在认识论和政治上,第三世界被构建为一个自然—科技目标,必须通过规划对之加以规范化和铸造构型"(Escobar,1992)[136]。

大约 14 年之后,尽管奥伦·耶夫塔克在其著作中使用了"西—北"和"东—南"来区别主导和被主导的地区,但其主旨与埃斯科巴尔的观点类似。耶夫塔克(Yiftachel,2006)[212]认为,从

② 英文书名为 Cosmopolis II:Mongrel Cities of the 21st Century。

具体情景和语境来理解社会动态至关重要，所以应创造不以"西—北"的"物质、政治背景为前提的新的认知方式"，由此将更有助于着手构建对于"东—南"国家现实的认识，并且避免"错误而专横的普世论"的隐患。

阿纳尼娅·罗伊写于 2005 年的著述已经预示了耶夫塔克发表于 2006 年的观点，呼吁使用那些旨在认知第三世界/"东—南"城市的政策方法。罗伊关注城市中的非正规性，并以此作为例子说明规划模式在实际上如何产生"不可规划"——"非正规性是城市化正规秩序的一种例外状态"（Roy, 2005）[147]。她认为，规划实践者必须学会在这种例外状态下工作，而不是尝试将其行动者③推向诸如埃尔南多·德·索托任主席的自由与民主协会和世界银行这类受市场掌控的主流咨询机构。

非正规性正在逐步成为规划中越来越重要的认识论，在它对传统认识论的挑战下，规划理论学者开始重新界定国家、公民社会、权力、秩序和包容的概念。这一论断与随后被桑德科克（Sandercock, 1998; 2003）所采纳的叛逆认识论（Holston, 1995）异曲同工。霍尔斯顿认为，规划理论应立足于国家和叛逆的市民之间的"对立互补"和各种争论的基础上，正是这些争论"使得冲突和歧义成为打造当代城市生活多元化的稳定构成因素"。对于霍尔斯顿而言，叛逆超越了"新社会运动"的典型模式，揭示了一个"可提供多种可能性的领域"，但这个领域不是乌托邦式的未来，而是立足于生活经验的多元异质之上。

在发展这种可能性的概念的过程中，豪威尔·鲍姆（Baum, 1998）和约翰·弗雷斯特（Forester, 2006）将规划描述为"对希望的组织"。在 21 世纪初的动荡时期，当我们看似不断被媒体中的"恐怖主义"、战争、谋杀以及普遍悲观和沮丧的故事狂轰滥炸时，学术界转向希望这一想法也并不令人惊奇。这种转向往往并不是一种乌托邦式的希望④，虽然大卫·哈维（Harvey, 2000）希望是如此⑤。正如本·安德森（Anderson, 2006）所说，它是一种更开放、更为动态的理论构思，是一种以希望的精神特质为基础的进程，它徘徊在"未达之领域，而那是一个入口和最终内涵

③ Actant，一个行动者是一个物质实体、个人或团体，它的形态、定义、真实性和能动性视它与代言人联合的紧密程度而定（Pfaffenberger, 2006）。

④ 参见贡德与希利尔的文章（Gunder and Hillier, 2007）。

⑤ 哈维界定了一种决定空间形式的乌托邦式的社会进程，而不是像许多有关城市区域的传统乌托邦理念认为的那样——由空间形式决定社会进程，对他这种观点的批判见派尔（Pile, 2004）的论述。

都具有持久的不确定性特征的场所"⑥。

　　不确定性思想和复杂性理论相联系。20 世纪 80 年代，卡伦·克里斯滕森是第一批将复杂性理论中的思想和空间规划联系在一起的研究者。她为了解读世界并促进政府间的决策制定以应对不确定性，而把目光转向了复杂性（Christensen，1991）[161]。她建立的手段、结果和不确定性的矩阵⑦成为许多对空间规划实践的复杂性进行分析的基础。这个矩阵按照目标和技术是否已知，构成了四种问题或状况的原型。对于我们的意图至关重要的是那些目标尚属未知或未定的"方框"。例如，过程已预先设定但结果仍不确定的情况，程序上只有过程，如共识—建立的策略⑧，因此还给一部分集体理性模式选择留有空间。对于那些过程和结果都是不确定的情况，克里斯滕森表示这种情形"接近于政策真空"，会产生"本质上自由放任"但受到司法保障的政策。这种观点与哈杰尔（Hajer，2003）[175]的观点相呼应，后者声称目前碎片化的管治趋势正产生一种制度真空（至少是在西欧），"其中没有清晰的且大家一致赞成的规则和政策手段"。

　　用约翰·罗（Law，2004）的话来说，克里斯滕森"向上追寻"一种"大视图"式的规划理论。她对于空间规划的问题是，"我们如何通过引导各式各样的波动和流通来形成一种秩序，但它又不是确定不变的"？新的科学复杂性理论主要衍生于基于控制论的系统思考（参见第 4 章），当然该理论在 21 世纪的显现和发展过程中对"整体"的认识比起 20 世纪中叶的构想已经更为开放、维度更多⑨。

　　与上述相反，约翰·罗（Law，2004）的研究是"向下探究"微观层面的政治和社会。罗发展了哲学家戈特弗里德·莱布尼茨和吉尔·德勒兹的研究，强调内在性、连续性和非一致性。分析向下着眼于个体要素以及它们之间相互联系和关联的方式。尽管存在一些更高层级（如城市），但是不可能对其进行全面的描述和解释。罗对于空间规划的问题是，"我们如何通过管理各式各样的波动和流通来形成秩序"（Callon and Law，2004）[5]？

⑥ 原文出自布洛克的文章（Bloch，1998）[69]引自安德森的文章（Anderson，2006）[693]。

⑦ 详见她 1985 年的论文。

⑧ 参见英尼斯和布赫的文章，第 10 章。

⑨ 相关例子参见杰索普、巴蒂、德罗等人的文献（Jessop，2003；Batty，2005；de Roo and Silva，2010；de Roo et al，2012）。

这也是朱迪斯·英尼斯和大卫·布赫(Innes and Booher, 2010)实际上在处理的问题。他们的目标是"用不同的思考方式面对复杂性的时代"。通过其实是协作规划实践的经验案例,两位作者论证了包容的、参与式的规划能取得多少成果。他们著作的最后章节进一步结合了复杂性理论以及复杂适应性系统的观点,来探究一种"适应不确定性"(Innes and Booher, 2010)[207]的管治体系建立的可能性。

好几位地理学界的理论家以及越来越多来自空间规划领域的理论家都在思考如何用新方法来理论化和实施规划,他们都在利用后结构主义参照系来认知非确定性、多元关系等的复杂性。后结构主义这一术语包含了各种不同的理论,其理论基础往往是雅克·德里达、米歇尔·福柯、让·鲍德里亚、雅克·拉康和吉尔·德勒兹等法国学者的学说。后结构主义思想家超越了(如费迪南·德·索绪尔的)语言学结构主义、(受马克思政治经济学影响的理论家的)经济学结构主义和(塔尔科特·帕森斯等人的)社会结构主义(详见第二部分的介绍)。不过,各种后结构主义观的共性是,它们激发了批判思想的激进责任,"它们不再关注社会体系为什么和如何才能具有稳定性,而是探究结构为什么和如何被解构",这便产生了"对于结构的未完成性而非其起源的思考"(Finlayson and Valentine, 2002)[12]。然而,结构并没有完全被摒弃,只是转而反思自身,并发现自身是"不可确定的"[10]。因而,正如结构和能动者的关系一样,结构与能动性的关系也变得无法确定。与安东尼·吉登斯的结构化观点相反,费莱逊和瓦伦丁(Finlayson and Valentine, 2002)[14]认为,在应对某种社会行为的结构时,能动者并不是镇定自若的实体,因为能动者已经是结构的一部分(而非处于结构中),因而不能完全决定主体。结构、能动者以及两者之间的关系都是不确定的。

其他和空间规划相关的后结构理论要素,包括行动者和空间在拓扑关系和互动关系上与其他行动者和空间的相互关联。后结构主义者还认为,对身份与实践等进行"阅读"或表征是值得质疑的,因为这些都只是奈杰尔·斯威夫特(Thrift, 1996;

⑩ 这是德里达的术语,表明不存在非此即彼,而是互动共生。

2007)在其"非—表征理论"中所说的相互关联性。进一步来说，正如第 11 章所指出的，相关性视角鼓励对空间尺度进行重新思考，从传统的等级结构模式转换为"相对性背景中的节点"的认知(Amin,2002)[391]。尺度由此变为关系的距离或长度。对此，马斯顿等人(Marston et al,2005)将之描述为一种对于复杂的新兴空间关系的平面本体论。

所谓空间运作，指的便是与实践中的各种主体构成的复杂纠葛，正是这些实践维系着权力系谱和权力效果(Bell,2006；Butler,1990)。空间是卷入变化和"生成"的多元化过程中的行动者，生成与不可预测及不确定性相联系。未来无法预测，这意味着我们不能完全认识我们是谁或将来会变成什么，或对这些进行规划(Hillier,2005)[281]。尽管如此，规划师想要带着目的行动就需要临时稳定或暂时固定的节点，如一种战略、一张地图、一个决策等。战略由此变成一种建议，其意图更多的是激发对可能性而非必然性的思考(Healey,2007)。正如伊莎贝拉·斯唐热(Stengers,2005)[997]在她的世界主义理念中的表述："我们永远不知道某个存在物有什么能力或将变得具有什么能力。"该论点和帕特里克·格迪斯(参见第 3 章)的生机论相呼应。

欣奇利夫等人(Hinchliffe et al,2005)将他们的研究看作"世界性政策的实验"。他们认真对待非人类的概念，将其作为某种由非人—人类行动者共同构成的广义大集体中的固有层面，这就是"一个对重新组织科学和政治进行实验的实践项目"，借此来对表述提出质疑(Hinchliffe et al,2005)[650]。该尝试要将田鼠和人看成"同样的主体而非预先形成的客体"(Hinchliffe et al,2005)[653]。这些作者承认，这是一个具有"确定的不确定性"的危险项目，一种"对于不可能完全事先预知的过程的承诺"(Hinchliffe et al,2005)[656]。在唐娜·哈拉维(Haraway,2003)、沃特莫尔(Whatmore,2002)和拉图尔(Latour,1998；2004)这些学者的研究基础上，它将人类和非人交织在一起，提供了一种后结构主义政治化的生态学或生态化的政治学，与包括凯尔(Keil,2003)、凯卡(Kaika,2004)以及史温吉道和海宁

(Swyngedouw and Heynen,2003)等地理学家在内的政治生态学(政治经济学与生态学的结合)形成有趣的对比。政治生态学家认为,环境与城市化的辩证关系通过对生态关系的再生产来巩固一组特定的强大社会关系。

规划理论家越来越关注规划实践中的偶然性和冲突。与偶发事件和冲突打交道的实践者都在进行道德判断,即在任何给定情况下什么是危险的、什么是重要的、什么是具有价值的。这些判断不可能被简化为理性的科学管理理论家们所建议的那种对"规则"的应用(参见第 4 章),其本质上具有对伦理的关注。正如波特(Porter,2002)[203]所提出的:"现实伦理不过是借助永远不预设的概念集所进行的发明。""好"和"坏"因此是一种社会建构,是"临时选择"的产物(Deleuze and Guattari,1987[1980])[10]。

通过本书,我们试图说明虽然规划的理论活动传统底蕴十足,但是规划理论是(而且必须是)动态的,建立在不断应用既有的哲学理念和新的理论发展进行试验的基础上,可以帮助我们思考复杂的实践情况。很多理念——如约根·哈贝马斯的沟通行为——已经或者正在被翻译成中文,并为理论家和实践者所采纳。但是在此,我们要提出一点告诫,以提醒中国的学者和实践者警惕某些做法,如对于原始术语的错误翻译以及在脱离语境的情况下错误阐释作者的含义和意图。正如戴维斯(Davies,2007)的论断,有些举足轻重的中国学者倾向于将哈贝马斯的沟通理性指定为促进理想行为准则的模板。尽管他们肯定了哈贝马斯话语伦理的包容性,但却忽略了哈贝马斯对于保持"他者"的强调,而这一点正是规划中的一个关键议题,弗雷斯特(Forester,2009)也对其做了充分强调。同样,曹康、朱金、郑莉(Cao et al,2013)也点明了中国规划从业者将"协作规划"作为公众参与之复杂性的一种替代性修辞这一潜在问题。

因此,我们赞成张庭伟(Zhang,2006)[18]的总结,即"由于中国如此广袤、中国社会变化如此之快,任何规划理论在某一个地方或某一个阶段起作用,在另一个时间地点也许将不再适合"。

然而在21世纪初,理论正加大挑战处于霸权地位的"西—北"世界观的力度,并高度肯定来自"东—南"世界的理念,如偶然性和即时性、冲突以及争胜主义和共识建立、关联性和尚未形成的联系、纠缠牵连、折叠和破碎。这些理念在帮助规划实践者理解自身所处的环境、为不断在中国乃至在全世界发展的规划理论和实践提供灵感方面具有巨大的潜能。

至于未来会怎样? 借用玛西(Massey,2005)[105]的话来说,理论"拥有出乎意料的可能性……它伴随着喜悦与挑战"。

第12章参考文献

[1] Amin A. 2002. Spatialities of globalisation[J]. Environment and Planning A,34:385-399.

[2] Anderson B. 2006. "Transcending without transcendence": Utopianism and an ethos of hope[J]. Antipode,28:691-710.

[3] Batty M. 2005. Cities and Complexity[M]. Cambridge, MA:MIT Press.

[4] Baum H. 1998. The Organization of Hope[M]. Albany:SUNY Press.

[5] Bell V. 2006. Performative knowledge[J]. Theory, Culture and Society,23(2-3):214-217.

[6] Bloch E. 1998. Literary Essays[M]. Stanford:Stanford University Press.

[7] Butler J. 1990. Gender Trouble[M]. New York:Routledge.

[8] Callon M,Law J. 2004. Introduction:Absence-presence, circulation, and encountering in complex space[J]. Environment and Planning D(Society and Space),22:3-11.

[9] Cao K,Zhu J,Zheng L. 2013. The Use and Misuse of Collaborative Planning in China[R]. Dublic:AESOP-ACSP Joint Congress.

[10] Christensen K. 1985. Coping with uncertainty in planning[J]. Journal of the American Planning Association, 51:63-73.

[11] Christensen K. 1999. Cities and Complexity[M]. Thousand Oaks:Sage.

[12] Davies G. 2007. Habermas in China[J]. The China Journal, 57:61-84.

[13] de Roo G, Silva E. 2010. A Planner's Encounter with Complexity[M]. Aldershot:Ashgate.

[14] de Roo G, Hillier J, van Wezemael J. 2012. Complexity and Planning:Systems, Assemblages and Simulations[M]. Aldershot:Ashgate.

[15] Deleuze G. 1995[1990]. Negotiations[M]. New York:Columbia University Press.

[16] Deleuze G, Guattari F. 1987[1980]. A Thousand Plateaux:Capitalism and Schizophrenia[M]. London:Athlone Press.

[17] Doel M. 1996. A hundred thousand lines of flight:A machinic introduction to the nomad thought and crumpled geography of Gilles Deleuze and Félix Guattari[J]. Environment and Planning D (Society and Space), 14:421-439.

[18] Doel M. 2000. Un-glunking geography:Spatial science after Dr. Seuss and Gilles Deleuze[M]// Crang M, Thrift N. Thinking Space. London:Routledge:117-135.

[19] Escobar A. 1992. Planning[M]// Sachs W. The Development Dictionary:A Guide to Knowledge as Power. New York:Zed Books:132-145.

[20] Finlayson A, Valentine J. 2002. Introduction[M]// Finlayson A, Valentine J. Politics and Post-structuralism:An Introduction. Edinburgh:Edinburgh University Press:1-20.

[21] Forester J. 2006. Making participation work when interests conflict[J]. Journal of the American Planning Association, 72 (4):447-456.

[22] Forester J. 2009. Dealing with Differences[M]. Oxford:Oxford University Press.

[23] Gunder M, Hillier J. 2007. Planning as urban therapeutic

[J]. Environment and Planning A，39(2):467-486.

[24] Hajer M. 2003. Policy without polity? Policy analysis and the institutional void[J]. Policy Sciences，36:175-195.

[25] Haraway D. 2003. The Companion Species Manifesto:Dogs, People and Significant Otherness[M]. Chicago, IL: Prickly Paradigm Press.

[26] Harvey D. 2000. Spaces of Hope[M]. Edinburgh:Edinburgh University Press.

[27] Healey P. 2007. Urban Complexity and Spatial Strategies [M]. London：Routledge.

[28] Hillier J. 2005. Straddling the post-structuralist abyss：Between transcendence and immanence[J]. Planning Theory，4 (3)：271-299.

[29] Hinchliffe S, Kearnes M, Degen M, et al. 2005. Urban wild things：A cosmopoliticalexperiment [J]. Environment and Planning D (Society and Space)，23:643-658.

[30] Holston J. 1995. Spaces of insurgent citizenship[J]. Planning Theory，13:35-51.

[31] Innes J，Booher D. 2010. Planning with Complexity[M]. New York ：Routledge.

[32] Jessop B. 2003. The Governance of Complexity and the Complexity of Governance:Preliminary Remarks on Some Problems and Limits of Economic Guidance[Z]. Department of Sociology，Lancaster University.

[33] Kaika M. 2004. City of Flows[M]. London :Routledge.

[34] Keil R. 2003. Urban political ecology[J]. Urban Geography，24(8):723-738.

[35] Latour B. 1998. To modernise or ecologise? That is the question[M]// Braun B，Castree N. Remaking Reality:Nature at the Millennium. London:Routledge:221-242.

[36] Latour B. 2004. Politics of Nature[M]. Cambridge，MA：Harvard University Press.

[37] Law J. 2004. And if the global were small and noncoherent? Method, complexity, and the baroque[J]. Environment and Planning D(Society and Space), 22:13-26.

[38] Marston S, Jones JP III, Woodward K. 2005. Human geography without scale[J]. Geography, NS 30:416-432.

[39] Massey D. 2005. For Space[M]. London: Sage.

[40] Murdoch J. 2006. Post-structuralist Geography[M]. London: Sage.

[41] Pfaffenberger B. 2006. STS Concepts: Actant [EB/OL]. (2006-11-22)[2007-07-01]. http://en. stswiki. org/index. php/Actant.

[42] Pile S. 2004. Ghosts and the city of hope[M]// Lees L. The Emancipatory City? London: Sage: 210-228.

[43] Pløger J. 2004. Strife: Urban planning and agonism[J]. Planning Theory, 3:71-92.

[44] Porter R. 2002. The singularity of the political[M]// Finlayson A, Valentine J. Politics and Post-structuralism: An Introduction. Edinburgh: Edinburgh University Press: 193-205.

[45] Roy A. 2005. Urban informality: Toward an epistemology of planning[J]. Journal of the American Planning Association, 71:147-158.

[46] Sandercock L. 1998. Towards Cosmopolis[M]. New York: Wiley.

[47] Sandercock L. 2003. Cosmopolis II: Mongrel Cities of the 21st Century[M]. New York: Continuum.

[48] Sandercock L. 2004. Towards a planning imagination for the 21st Century[J]. Journal of the American Planning Association, 70:133-141.

[49] Stengers I. 2005. The cosmopolitical proposal[M]//Latour B, Weibel P. Making Things Public: Atmospheres of Democracy. Karlsruhe and Cambridge, MA: ZKM/Center for Art and Media and MIT Press: 994-1003.

[50] Swyngedouw E，Heynen N. 2003. Urban political ecology, justice and the politics of scale[J]. Antipode, 25(5):898-918.

[51] Thrift N. 1996. Spatial Formations[M]. London：Sage.

[52] Thrift N. 2007. Non-representational Theories[M]. London：Routledge.

[53] Watson V. 2003. Conflicting rationalities：Implications for planning theory and ethics[J]. Planning Theory and Practice, 4:395-407.

[54] Watson V. 2006. Deep difference：Diversity, planning and ethics[J]. Planning Theory, 5(1):31-50.

[55] Whatmore S. 2002. Hybrid Geographies：Natures Cultures Spaces[M]. London：Sage.

[56] Yiftachel O. 2006. Re-engaging planning theory? Towards "south-eastern" perspectives[J]. Planning Theory, 5(3):211-222.

[57] Zhang T. 2006. Planning theory as an institutional innovation：Diverse approaches and nonlinear trajectory of the evolution of planning theory[J]. City Planning Review, 30(8):9-18.

第 12 章重要文献回顾

[1] Ananya R. 2005. Urban informality：Toward an epistemology of planning [J]. Journal of the American Planning Association, 71:147-158.

[2] Angelique C. 2006. Metaphors in complexity theory and planning[J]. Planning Theory, 5:71-91.

[3] Heather C，Robert M. 1999. Ethical frameworks and planning theory [J]. International Journal of Urban and Regional Research, 23:464-478.

[4] John L. 2004. And if the global were small and noncoherent? Method, complexity and the baroque[J]. Environment and Planning D(Society and Space), 22:13-26.

[5] James H. 1995. Spaces of insurgent citizenship[J]. Planning Theory, 13:35-51.

[6] Jean H, Michael G. 2005. Not over your dead bodies! A Lacanian interpretation of urban planning discourse and practice[J]. Environment and Planning A, 37:1049-1066.

[7] Karen S C. 1985. Coping with uncertainty in planning[J]. Journal of the American Planning Association, 51:63-73.

[8] Leonie S. 2004. Towards a planning imagination for the 21st century[J]. Journal of the American Planning Association, 70:133-141.

[9] Steve H, Matthew B K, Monica D, et al. 2005. Urban wild things: A cosmopolitical experiment[J]. Environment and Planning D(Society and Space), 23:643-658.

附录:人名对照表

(以英文原文姓氏字母为序)

A

Addams, Jane	简·亚当斯	Alvesson	艾尔维森
Adler	阿德勒	Anderson, Ben	本·安德森
Alexander, Ernest	欧内斯特·亚历山大	Arendt, Hannah	汉娜·阿伦特
Allmendinger	阿尔门丁格	Arnstein	阿恩斯坦
Althusser, Louis	路易斯·阿尔都塞		

B

Banfield, Edward	爱华德·班费尔德	Berry	巴里
Barrett	巴雷特	Binnie, Jon	乔恩·宾尼
Baudrillard, Jean	让·鲍德里亚	Bion, Wilfred	威尔弗雷德·拜昂
Bauer, Catherina	凯瑟琳·鲍尔	Blanco, Hilda	希尔达·布兰科
Baum, Howell	豪威尔·鲍姆	Booher, David	大卫·布赫
Bauman	鲍曼	Boudeville	布德维尔
Beatley, Tim	提姆·比特利	Boyer, Christine	克里斯汀·博耶
Beauregard, Bob	鲍勃·博勒加德	Brenner	布伦纳
Bell, Daniel	丹尼尔·贝尔	Burayidi	布拉伊迪
Bernstein, Richard	理查德·伯恩斯坦	Burdett-Coutts, Angela	安吉拉·伯德特—库茨

C

Castells, Manual	曼纽尔·卡斯特尔	Churchman, C. W.	C. W. 丘奇曼
Chadwick	查德威克	Clavel, Pierre	皮埃尔·克拉维尔
Christensen, Karen	卡伦·克里斯滕森	Connolly, William	威廉·康纳利

D

Davidoff，Paul	保罗·大卫多夫	Dewey, John	约翰·杜威
Davies	戴维斯	Doel	迪尔
Dear, Michael	迈克尔·迪尔	Dubois, W. E. B.	威廉·爱德华·伯格哈特·杜波依
Deleuze, Gilles	吉尔·德勒兹	Dyckman	迪克曼
Derrida, Jacques	雅克·德里达		

E

Einstein, Albert	阿尔伯特·爱因斯坦	Escobar, Arturo	阿图罗·埃斯科巴尔
Engels, Benno	本诺·恩格斯	Etzioni, Amitai	阿米泰·伊兹奥尼

F

Fainstein, Norman	诺曼·费因斯坦	Forrester, Jay	杰伊·福雷斯特
Fainstein, Susan	苏珊·费因斯坦	Forsyth, Ann	安·福赛思
Faludi, Andreas	安德烈亚斯·法鲁迪	Foucault, Michel	米歇尔·福柯
Feilman, Margaret	玛格丽特·费尔曼	Frank, André Gunder	安德鲁·贡德·弗兰克
Flyvbjerg, Bent	本特·弗吕夫布耶格	Friedan, Betty	贝蒂·弗里丹
Fischler, Raphaël	拉菲尔·费施勒	Friedman, Milton	米尔顿·弗里德曼
Fincher	芬奇	Friedmann, John	约翰·弗里德曼
Finlayson	费莱逊	Friend	弗伦德
La Fontaine	拉·方丹	Fudge	富奇
Forester, John	约翰·弗雷斯特		

G

Gale	加莱	Gregory, Derek	德里克·格里高利
Geddes, Patrick	帕特里克·格迪斯	Gualini	瓜里尼
Giddens, Anthony	安东尼·吉登斯	Gunder, Michael	迈克尔·贡德
Gramsci	葛兰西		

H

Habermas, Jürgen	约根·哈贝马斯	Hickling	希克林
Hajer	哈杰尔	Hill, Octavia	奥克维娅·希尔
Hall, Peter	彼得·霍尔	Hillier, Jean	琼·希利尔
Hanson	汉森	Hinchliffe	欣奇利夫
Haraway, Donna	唐娜·哈拉维	Hoch, Charles	查尔斯·霍克
Harper, Tom	汤姆·哈珀	Holloway	霍洛韦
Harvey, David	大卫·哈维	Holston	霍尔斯顿
Hayden, Dolores	多洛莉丝·海登	Howard, Ebenezer	埃比尼泽·霍华德
von Hayek, Friedrich	弗里德里希·冯·哈耶克	Hudson	哈迪森
Healey, Patsy	帕齐·希利	Huxley	赫胥黎
Heynen	海宁		

I

Ingram	英格兰姆	Innes, Judith	朱迪斯·英尼斯

J

Jacobs, Jane	简·雅各布斯	Jessop, Bob	鲍勃·杰索普
James, William	威廉·詹姆斯		

K

Kaika	凯卡	King, Martin Luther	马丁·路德·金
Keil	凯尔	Knopp, Larry	拉里·诺普
Klein, Melanie	梅兰妮·克莱因	Kofman	考夫曼
Krumholz, Norm	诺姆·克鲁姆霍兹	Kropotkin, Piotr	彼得·克鲁泡特金

L

Lacan, Jacques	雅克·拉康	Lefebvre, Henri	亨利·列斐伏尔
Laclau, Ernesto	欧内斯托·拉克劳	Liebniz, Gottfried	戈特弗里德·莱布尼茨
Lai, Lawrence	劳伦斯·赖	Liggett	利格特
Latour	拉图尔	Lindblom, Charles	查尔斯·林德布鲁姆
Law John	约翰·罗	Lyotard, Jean-François	让—弗朗西斯·利奥塔

M

Mannheim, Karl	卡尔·曼海姆	McLoughlin	麦克洛林
Mao Zedong	毛泽东	Merrifield, Andy	安迪·梅里菲尔德
Marris, Peter	彼得·马里斯	Monk	蒙克
Marston	马斯顿	Moses, Robert	罗伯特·摩西
Marx	马克思	Mouffe, Chantal	尚塔尔·墨菲
Massey, Doreen	多琳·玛西	Mumford, Lewis	刘易斯·芒福德
McGuirk, Pauline	保琳·麦格沃克		

N

Naylor	内勒	Nietzsche	尼采
Neuman	纽曼	Nijkamp	尼茨坎普

P

Parekh	帕瑞克	Perroux	佩鲁
Parsons, Talcott	塔尔科特·帕森斯	Pløger, John	约翰·布罗格
Peake	皮克	Poincaré, Henri	亨利·庞加莱
Peet	皮特	Porter	波特
Peirce, Charles	查尔斯·皮尔士	Putnam, Hilary	希拉里·帕特南
Perloff, Harvey	哈维·波洛夫		

R

Reclus, Elisée	埃利泽·邵可侣	Roosevelt, Franklin D.	富兰克林·D. 罗斯福
Reiner	赖纳	Rorty, Richard	理查德·罗蒂
Rhodes	罗德兹	Roweis	罗维斯
Rittel，Horst	霍斯特·里特尔	Roy, Ananya	阿纳尼娅·罗伊

S

Sachs, Jeffrey	杰弗里·萨克斯	Simon, Herbert	赫伯特·西蒙
Sager, Tore	托雷·萨格尔	Smith, Neil	尼尔·史密斯
Sandercock, Leonie	莱奥妮·桑德科克	Soja, Edward	爱德华·苏贾
de Saussure, Ferdinand	费迪南·德·索绪尔	de Soto, Hernando	埃尔南多·德·索托
Schön, Donald	唐纳德·舍恩	Spain, Daphne	达芙妮·斯佩恩
Scott	斯科特	Staeheli	丝戴海利
Selznick	塞尔兹尼克	Stein，Stan	斯坦·斯坦因
Servon	塞尔翁	Steinem, Gloria	格洛丽亚·斯泰纳姆
Sibley, David	大卫·西布利	Stengers, Isabelle	伊莎贝拉·斯唐热
Simkhovitch, Mary	玛丽·西姆柯维奇	Swyngedouw	史温吉道

T

Taylor	泰勒	Throgmorton, James	詹姆斯·斯罗格莫顿
Thrift，Nigel	奈杰尔·斯威夫特	Tivers, Jacquie	杰奎·提弗斯

V

Valentine	瓦伦丁	Verma，Niraj	尼拉杰·维尔马
Valins	瓦林斯		

W

Wagenaar	瓦格纳尔	Whatmore	沃特莫尔
Watson，Vanessa	瓦妮莎·沃森	Wildavsky，Aaron	亚伦·威尔达夫斯基
Weaver	韦弗	Williamson，Oliver	奥利弗·威廉姆森
Webber，Mel	梅尔·韦伯	Wilson，Elizabeth	伊丽莎白·威尔逊
Webster，Chris	克里斯·韦伯斯特		

Y

Yiftachel，Oren	奥伦·耶夫塔克	Young，Iris Marion	爱莉斯·马里恩·杨

译者书评

曹　康（原文发表于《国际城市规划》2009 年第 4 期，收入本书时略有修订）

2008 年，时任《规划理论》^①期刊主编的琼·希利尔与时任《规划理论与实践》^②期刊高级编辑的帕齐·希利受阿什盖特（Ashgate）出版社^③之邀，共同编纂出版了一套三卷本的规划理论论文集，题为《规划理论中的批判文集》（*Critical*^④ *Essays in Planning Theory*，以下简称《文集》）。这本文集是 Ashgate 出版社一系列以"……中的批判文集"为名的出版物中的一套，并继承了西方规划理论界编纂理论论文集进行出版的传统。

希利尔教授目前是澳大利亚皇家墨尔本理工大学的荣休教授，希利教授则是英国纽卡斯尔大学的荣休教授。在希利尔教授去澳大利亚前，两人在纽卡斯尔大学是同事和密友，均为西方规划学界的知名学者。希利尔教授在多家专业期刊编委会、学术及研究机构兼职，除担任《规划理论》期刊的主编外，还是国际《规划教育与研究》《地理研究论坛》^⑤《国际规划研究》^⑥《城市政策与研究》^⑦等重量级城市规划与城市研究期刊的编委。希利教授获奖无数，曾因其在规划事业上的贡献而荣膺大英帝国勋章和英国皇家规划师学会的金质奖章，也是英国皇家规划师学会创办以来首位获得此最高殊荣的女性学者。希利教授还曾担任欧洲规划院校联合会主席，并且是《规划理论与实践》期刊的创刊主编。

两位编者在规划理论研究上都有其独到的造诣。希利尔教授专长于后结构主义规划理论及规划决策的话语性、相关性分析，对于社会排斥下的女性主义、规划对女性及边缘群体的影响等也有研究，已发表的文章、出版的著作有 200 余篇。希利教授的主要研究领域为战略空间规划、城市管治、城市再生策略等，

① 英文全称为 Planning Theory。

② 英文全称为 Planning Theory and Practice。

③ 1967 年创建于英国的国际性学术研究出版社，与塞奇（Sage）出版集团和泰勒与弗朗西斯（T&F）出版集团下的劳特利奇（Routledge）出版社同为规划书刊出版方面的权威出版机构。

④ 西方文献中频繁出现的"Critical"一词，译成中文时可为"批判的""批评的""评判的""评论的"，但似乎都未能传神地表达出这一词汇的确切含义。一般来讲，Critical 指从正反两面多个角度辩证地辨析问题。

⑤ 英文全称为 Geography Research Forum。

⑥ 英文全称为 International Planning Studies。

⑦ 英文全称为 Urban Policy and Research。

出版著作、发表论文数百篇，并提出了影响国际的规划理论——"协作规划理论"。

•《文集》的编纂特点

从收录论文的来源来分，规划理论文集大致有两种类型：其一是大会论文集，如 1996 年出版的《探索规划理论》⑧收录的是 1987 年和 1991 年两次研讨规划理论的大会的会议论文；其二是论文精选集，如由司格特·坎贝尔与苏珊·费因斯坦主编出版的《规划理论读本》⑨，《文集》也属于这一种。从编纂方式来看，规划理论文集也有两种：一种是分主题组织论文，大多数论文集均采取了这种形式；一种是按发展时序来组织。《文集》综合了这两种方式：三个卷次大致按历时性原则来排列，将现代规划理论的发展分为时间上有重叠的三个阶段，每一阶段又横向分为三支，是一种纵横交错的组织形式。

《文集》编纂的主要目的是，将 20 世纪以来影响过规划探讨的文献集中起来，通过这些在不同时期撰写、持不同立场的论文中的思想，来揭示规划的本质、目的和规则。编者首先拟定了一个文献列表，再请具有各种地域及研究背景的不同年龄的学者从中挑选出他/她们认为重要的文献，同时也可将自己认为重要但未在列表中的文献补充进去。论文选取最主要的标准是"批判性"，所以也会选择对当时主流的规划思潮持疑问或否定态度的文章。这样，读者在阅读当中会建立自己的判断，从而能够最大限度地减少编者自身思维及研究定式的影响。《文集》编纂的另外一个特点是，它比以往的论文集都更关注女性规划学者的观点，这集中体现在本书第 12 章所选的文献上。当然在本书收录的 12 篇导言里，女性学者的思想与成果也受到了前所未有的重视。此外，也特意选取了一些不易获取的早期经典文献，使学生和研究者能够直接接触原文，而不是只能见到间接的引述。文献最后能否被收录，还与版权获取、文献类型（期刊文章抑或自书中摘录）以及文献本身的篇幅等因素有关。

⑧ 英文书名为 Explorations in Planning Theory——译注。

⑨ 英文书名为 Readings in Planning Theory——译注。

• 《文集》各卷主要内容

编者以其扎实的研究功底,从浩瀚的规划理论文献当中进行挑选并划分在各个主题下,这本身就体现了编者对一个多世纪以来规划理论演进的理解——它的发展分期是怎样的、每个阶段的主流思想是什么、对这些思想有哪些批判、对当时的未来趋势是怎样理解的。而编者对每一卷撰写的总序以及对每一卷的每一部分所作的导言,则进一步诠释了该卷、该部分的主题——由来、发展与特征——以及编者的意图。这些导言的另一项作用是将因种种原因未被选入的文献的核心观点有机地组织进来。所以,可以说这12篇导言是论文集的精华所在。我们在这里将这12篇精华集结成册,构成了本书——《规划理论传统的国际化释读》。

《规划事业的基础》(第一卷)

第一卷内容主要包括整个规划理论发展的概述和理论的本体论探讨,以及自现代城市规划诞生至20世纪五六十年代这半个多世纪当中所出现的主要规划思想。在第一卷的总序当中,两位编者阐述了三卷本文集编纂的目的和组织方式,并探讨了当前的几个主题:理论与实践;了解场所;规划活动的语境化;规划、管治和权力;"规划师"的特质、技能和职业道德;塑造未来和提升希望。

第2章重要文献回顾的几篇论文是规划理论的本体论研究和对理论发展的回顾,同时为各种立场与观点提供"导航"。开篇,弗里德曼以高度凝练的语言概述了两个世纪以来规划理论的发展,并给出了作者对规划理论的分类。法鲁迪则给出了另外一种分类方法,它影响了整整一代规划师。接下来里特和韦伯以及威尔达夫斯基两篇带有批判意味的文章,已开始反思现代理性立场下规划的社会价值。在20世纪70年代末至80年代初西方国家福利制度陷入危机、新自由主义冒头的那段变革时期,哈德逊与希利各自展望了规划理论未来的几种发展趋势,耶夫塔克则在7年后的1989年通过三种演进脉络对之进行总结。博勒加德阐述了在 1990 年前后"冷战"结束的背景下，规划理论在"后现代"浪潮冲击下所出现的几种新观念。哥伦比亚大学教授苏珊·费因斯坦在最后总结了世纪之交的三种未来规划理论的发展动态。最后五篇文章都认同了近年来规划理论的多元化走势。

20 世纪上半叶涌现的思潮是现代规划理论的基石，反映这些思想的文章被收录在第 3 章重要文献回顾中，其中包括我们耳熟能详的霍华德、格迪斯、芒福德等人的文章。编者认为，霍华德、格迪斯和芒福德三人一脉相承，都倡导社会无政府主义，都认为应对城市与区域进行全盘的、循序渐进的分析，都提出了理想的城市模型。在这一章选录的其他文章中，赛尔兹尼克对在霍华德和格迪斯规划思想影响下和罗斯福新政大背景下进行的田纳西河流域综合开发整治进行了分析，并得出"规划工具同民主进程之本性相关性极大"的结论。但倡导自由主义和市场竞争的冯·哈耶克却反对这种观点、反对规划。曼海姆则站在规划的正方立场上，认为自由需要社会控制，需要规划。

第 4 章重要文献回顾选录的文章基调是在现代规划理论当中占有相当分量的理性科学管理方法。大卫多夫与赖纳对规划给出了"以理性的方式做出社会选择的一套程序"这样的定义；而林德布鲁姆也于同年对综合理性方法提出了渐进性的改良；20 世纪 80 年代后，弗伦德与希克林探讨了理性科学管理方法如何应对不确定和复杂的状况。针对这一理性主义方法论，麦克洛林相应提出了以系统论的观点来看待城市，即所谓的城市系统。由之引发的关于事实与价值的区分问题，使大卫多夫写出了极富启发性的探讨公众参与和规划师职责的文章。在此之后，迪克曼与阿恩斯坦也分别撰文研究被严重忽视的弱势群体、重设社会目标、公民参与力度和参与合法性等方面的问题。

《政治经济学、多样性和实用主义》（第二卷）

第二卷收录的论文反映出步入 20 世纪 70 年代后，时代背景与社会思潮震荡下规划理论的相应嬗变，其中最主要的一点是规划理论如何从 20 世纪 60 年代居主流地位的理性科学管理的影响下走出,转而应对更多的新变化。在这些变化当中,最主要的是以新马克思主义为龙头的政治经济学、多样性趋势以及批判实用主义。以这三者为主题构成了第二卷的三个部分,也构成了第二卷总序中所谓的理论性的"对知识的渴求"。

批判政治经济学是20世纪70年代以来首先出现在法国的一种地理学与社会学思潮,其代表人物有列斐伏尔、卡斯特尔等学者。第6章重要文献回顾选录的论文体现了这支思潮对规划理论的重大影响。在厘清了规划、城市化和资本主义社会全球框架之间的关系后,斯科特和罗伊斯认为应相应提出"可行的"规划理论。费因斯坦夫妇认为规划师必须通过规划实践来解决资本主义制度的矛盾并确保其得以继续运行下去。哈维也持相近观点,即规划师的部分职责是尽可能阻止建成环境出现危机,维持资本主义制度能够存在下去的环境。贡德·弗兰克的探讨则与"欠发达"的拉丁世界——"发达"资本主义世界的另一面有关。弗里德曼和韦弗反对法国地理学者佩鲁和布德维尔的增长极理论,提倡自给自足的地域发展。反规划的雅各布斯的观点与他们有些类似,也认为一个运行当中的城市区域能够自行发展。

在整个时代精神从现代性向后现代性的转变当中,多样性趋势是其中的一个重要特征,它打破了以往均质、客观、统一的世界,而这些特征是现代性所具有的。第7章对这种多样性趋势进行探讨,迪尔和博勒加德各自敏锐地从总体上把握了现代主义与后现代性主义之间的差异及其对规划的影响。西方20世纪60年代爆发的一系列人权、民权运动改变了男性、白人、中产阶级的传统视点,对意义的解读出现了性别、种族、阶层上的差异。折射在规划理论上,桑德科克和福赛思解析了女性主义对规划理论的冲击,托马斯则分析了黑人的城市经验与规划史之间的关系。20世纪60年代同时还是环境保护和生态平衡问题开始受到广泛关注的时期,该章收录的最后两篇论文显示出规划对这些日益受到重视的问题的回应。

实用主义是一支源自美国的哲学思潮,对美国乃至西方的城市政策、规划理论与实践产生了重大影响。第 8 章的文章讨论了 20 世纪 60 年代在规划领域盛极一时、80 年代卷土重来的批判实用主义（包括新实用主义或实用渐进主义）在规划领域中的发展。这些理论或学说作为传统的科学理性主义、分析哲学和新马克思主义的替代物，表面看起来与实用主义的关联度不大，其实无一不在深层折射出这支哲学流派的影响。学者们诉诸的援引对象既有实用主义的几位创始人（其中杜威是被引述最多的），也包括当代的福柯和古希腊哲学家亚里士多德。例如，霍克就认为杜威和福柯有着共同的认识论基础，但对未来的态度不同，一个乐观一个悲观。而弗吕夫布耶格则运用亚里士多德的实践智慧学说来批判弗雷斯特及霍克等人的观点。

《规划理论当代动态》（第三卷）

第三卷主要探讨当代规划理论走向。编者认为，在过去的 25 年当中，随着人们对社会、政治、经济和生态世界复杂性与异质性了解的进一步加深，规划理论与实践需要进行也正在进行实质性的变革，规划理论家越来越关注规划实践当中的偶然性与冲突性。如果说前两卷收录的论文都是影响深远的经典之作，那么第三卷当中的论文则带有一些试验性，因为不能完全确定哪些论说会在未来产生最大的影响——有些理论会经久不衰，而有些则只能昙花一现。

第 10 章放置了各种与"沟通转向"相关的文章。沟通理性影响下的理论变化是自 20 世纪 80 年代末以来西方规划理论界最主要的态势之一，甚至有学者认为它的出现代表了规划界的"范式转型"。早在 20 世纪 70 年代，弗里德曼即超前地分析了知识与行动、对话与学习之间的联系，并提出了"互动式规划"的概念，但是在当时的社会经济背景和思想氛围影响下的规划理论界似乎尚未准备好接受这一极具变革意味的思想。直至步入 20 世纪 80 年代，弗雷斯特一步步完善了自己的想法，将其集结于 1989 年出版的《面对权力的规划》一书。之后响应者众，20 世纪 90 年代以来涌现出不少相关的重量级思潮，如斯罗格莫顿的故事讲述、英尼斯的"沟通行动和交互实践"、希利的协作规划等。但与此同时,学者们也发现了一些问题,如沟通与建立共识在规划中的定位问题,以及把理论与方法、手段与目的相混淆,等等。

作为与自上而下的"等级"或不连贯的"市场"相对应的社会组织形式和管治模式,网络这种横向的联系关系是近年来理论探讨的一个焦点。从其根源上来讲,"网络"的概念可追溯至 20 世纪上半叶出现的制度主义思想,它后来衍生出各种流派,从 20 世纪 90 年代以后开始对规划理论产生影响。学者对关系、网络和制度的不同释读,构成了第 11 章的核心内容:既有纯粹的理论研讨,如博勒加德对"网络城市"的解读、格雷厄姆与马文为网络化城市建立的"批判城市主义"、布赫与英尼斯提出的联系网络思想与协作规划过程的"网络力量",也有实际的案例分析,如希利尔对澳大利亚城市增长战略的研究和希利对欧洲空间战略制定的研究——空间战略自 20 世纪 90 年代以来开始在欧洲流行。其他三篇论文讨论了交易成本对规划的影响,可以通过各种增减交易成本的方法来影响产生了规划的外部性的城市本身,或者是那些压制性的力量和权力方。

21 世纪以来,规划理论的发展呈现出纷呈和多变的局面,第三部分收录的文章反映出其中几种发展趋势,与其他部分相比该部分文章的发散性更强一些。桑德科克提出面对 21 世纪的多元化趋势时,规划应当具有四项特性。罗伊和霍尔斯顿的两篇论述则分别探讨了非正式和叛逆这两个对规划思想影响越来越大的认知。编者认为,对规划后结构主义理论化的重点是在复杂的、相关性的背景下对意义与行为做出规定,在这种背景下意义和性质并非一成不变,在出现新的诠释和甄别时也会发生变化。罗与希利尔和贡德的两篇论文就运用了后结构主义方法。此外,系统科学、物理学等更多其他学科的理论也被应用到规划理论当中:克里斯滕森引入了复杂性理论来应对空间规划战略当中的不确定性,钱德帕拉姆也建议带着复杂性的观点来思考规划实践。坎贝尔与马歇尔被置于卷末的文章探讨了规划的一个终极议题——伦理框架。当然,这并非全部,希利尔教授和希利教授编辑出版的《规划理论的概念化挑战》(2010年)可视为这一"复杂转向"的延续,其中收录了当前最新的规划理论文章。

·比较与评价

在此,将《文集》与差不多同名的论文集——克里斯·帕里斯的《规划理论中的批判文选》[10](1982年)、希利教授以往编辑的论文集——与格伦·麦克杜格尔和迈克尔·J.托马斯共同编纂的《规划理论:展望1980年代》[11](1982年)以及《文集》出版前阅读面最广的论文集——坎贝尔与苏珊·费因斯坦所编的《规划理论文选》[12](下文简称《文选》)这三者进行比较。

第一,除《规划理论:展望20世纪80年代》外,其余三卷都是论文精选集。《规划理论:展望20世纪80年代》是1981年4月初在牛津召开的规划理论大会的产物——30篇会议论文中有16篇被收录其中。编纂的方式是开放性的,选取的标准是"对共同评价规划理论做出贡献""发人深省""能够反映会议期间出现的首要议题"。而同样是希利教授主编的《文集》的文献选取方式上文已经提到,可以看出文献入选与否经过了多方比较与求证,力求剔除主观因素。

第二,三本精选集均十分重视规划理论本体论和对规划思想起源的探讨,但选文标准各不相同。帕里斯选取了对当时影响力最大的法鲁迪的规划理论分类方法从批判与维护两个角度进行探讨的两篇文章。而《文集》虽在本体论探讨部分收录了法鲁迪的原文,但这仅仅是该部分九篇论文之一。从中一方面反映出编者本人对"规划理论"这一命题的不同理解,因为《文集》中还选取了其他两篇写于20世纪70年代的文章,法鲁迪的论说在当时并非唯一;另一方面也可以看出规划理论研究26年来的长足进步,产生了类似弗里德曼《规划理论2世纪:概述》(1989年)那样的经典之作。坎贝尔与费因斯坦1996年版的《文选》将具有启蒙性质的初期规划思想放在论文集之首,《文集》也将这些规划中启蒙思想家的文章放在第3章,紧随本体论

⑩ 英文书名为 Critical Readings in Planning Theory。
⑪ 英文书名为 Planning Theory: Prospects for the 1980s。
⑫ 英文书名为 Readings in Planning Theory。

探讨之后。但从编者的背景以及选录的文章来看，《文选》带有较为鲜明的美国特征，例如，编者将城市美化运动作为规划的启蒙思想，这放在美国是不错的，但对于整个西方来说则不尽然；而《文集》的选取范围更为宽泛，用编者的话来讲即整个"北半球"。

第三，《规划理论中的批判文选》与《文选》都具有极为明显的时代性，更多反映出各自所处年代规划理论的研究特征。《规划理论中的批判文选》出版于 20 世纪 80 年代，所以专辟一部分出来讨论 20 世纪 70 年代盛行的新马克思主义。在 20 世纪 90 年代出版的《文选》的六个部分当中，女性主义占了其一，因为女性主义对规划理论的影响是 20 世纪 90 年代探讨的重点之一⑬。比较而言，《文集》受时代局限较少，如女性主义就被放在"多样性趋势"当中，成为种种倾向之一加以讨论。当然，在反映当代思潮的第 12 章中，对后结构主义的集中探讨无疑也给《文集》打上了时代的烙印。

第四，对于无法收录的重要文献，坎贝尔与费因斯坦 1996 年版的《文选》采用了在"补充阅读"中列出文献名录的方式；而《文集》则力求通过 12 篇导言，使读者能够最大限度地了解各个理论范域内的所有（编者判定的）重要文献。

第五，在排版上，前三卷论文集都对选录的论文进行了统一重排，而《文选》却完整保留了被选文章原来的排版格式。这样一来，早期文献那种有别于当代惯用的排版方式和字体形式的印刷模式，能够在读者心中唤起早期经典作品那种沉甸甸的历史感，使人产生一种正在阅读原著的奇妙感觉。

自法鲁迪于 1973 年编辑出版《规划理论读本》⑭以来，已经有十多本规划理论论文集相继面世，其中影响最大的是坎贝尔与费因斯坦的《文选》。但是《文选》本身最大的问题在于它是针对美国学生而编写的，并不十分适用于欧洲乃至全球城市规划专业的学生。而《文集》很明显在"国际"视角和适用性方面比《文选》做得要好，更加适合具有不同地域、文化和教育背景的读者。而《文集》的长处显然不止如此，它是迄今为止内容最为丰

⑬ 正因为有这样的时代特征，所以到了 2003 年的第二版时，第五部分的标题已经变为"种族、性别与城市规划"，不再仅仅讨论女性主义问题，而是把范围扩大到"他者"（Others）。

⑭ 英文书名为 A Reader in Planning Theory。

富的规划理论文集,无论从作者的来源还是文献本身所研究的内容来讲,其所覆盖的空间范围和时间跨度都是所有类似文集当中最大和最长的。文集创新地采用了历时性框架和主题框架相结合的编排方式,集中反映了编者对规划理论事业发展的理解。如果再加上 12 篇导言,可以在一定程度上将其视为现代规划理论发展史来阅读,并作为彼得·霍尔著名的规划思想史著作——《明日之城:一部 20 世纪城市规划与设计的思想史》⑮的对照读物。毋庸置疑,虽然《文集》才出版不久,但已经可以肯定其必将在规划研究与实践、城市研究、社会学、政治学、经济学等领域的学者和学生当中产生广泛而深远的影响,成为规划理论文集当中的经典。

参考文献

[1] Campbell S, Fainstein S S. Readings in Planning Theory[M]. Cambridge, MA:Blackwell Publishers, 1996.

[2] Healey P, McDougall G, Thomas M J. Planning Theory: Prospects for the 1980s[M]. Oxford:Pergamon Press, 1982.

[3] Hillier J, Healey P. Critical Essays in Planning Theory[M]. Aldershot:Ashgate, 2008.

[4] Mandelbaum S J, Mazza L, Burchell R W. Explorations in Planning Theory[R]. New Brunswick:Center for Urban Policy Research, 1996.

[5] Paris C. Critical Readings in Planning Theory[M]. Oxford:Pergamon Press,1982.

⑮ 英文书名为 An Intellectual History of Urban Planning and Design in the Twentieth Century——译注。

译后记

曹　康[2016年1月于费城费尔法克斯(Fairfax)公寓]

　　本书的翻译,源于我与琼·希利尔教授和帕齐·希利教授2012—2013年的一些邮件交流。我与帕齐·希利教授最早的接触要回溯至十多年前我在南京大学读博时期。因为当时个人博士论文的方向是规划理论的发展,而希利教授是西方世界最知名的规划理论学者,所以冒昧之下发邮件向她请教问题。她不仅热心解答、悉心指点,还将她研究规划理论的朋友和同事介绍给我,于是我又与希利尔教授结识。之后十多年两位教授(尤其是希利尔教授)在学术方面对我有极大的帮助,令我获益匪浅。2008年,两位教授编纂的《规划理论中的批判文集》出版后,我为这一三卷本巨著写了一篇书评并发表在《国际城市规划》期刊上,并由此萌生了将论文集以某种形式介绍给国内学者的想法,因为从个人角度而论这是我读到过的最好的规划理论发展导引。

　　我们原计划出版一个缩略本,即从原版收录的71篇论文当中精选出20篇左右,同时保留原版的12篇导言。我们三人各自列了一个文章列表然后进行综合,最终得到了一个缩略版的文章列表,共计25篇。于是,两位教授开始了她们艰辛的版权联系工作,然而有一些版权的获取很顺利,有一些则索价甚高。鉴于国内外出版业的差异,我们最终放弃了出版缩略版的打算,仅仅是将12篇导言集结成册。这12篇导言在某种意义上其实已经构成了一部"现代西方规划理论史",是迄今为止对过去一个多世纪以来规划思想发展最客观、视角最国际化的总结。因此,特别感谢希利尔教授和希利教授给予我的信任、支持和耐心,将这本必将传世的精彩之作的中文版的翻译工作交予我手。

　　本书分三个部分,每一部分所含各章为独立文章,作者为琼·希利尔和帕齐·希利两位教授,译者分工如下:曹康翻译第1章、第5章、第9章,刘昭翻译第2章、第4章、第8章、第11章,孙飞扬翻译第3章、第10章、第12章,潘教正翻译第6—7章。在此感谢刘昭、孙飞扬和潘教正在本书的翻译过程中所付出的辛勤劳动,没有他们的工作就没有本书的出版。

　　本书的翻译受国家自然科学基金(51678517),浙江省高等教育教学改革研究项目(jg2015002),浙江大学建工学院2015年重点教材、专业核心课程教改项目,浙大建工——东联设计·城市与环境规划建设创研中心项目资助。

此外,非常感谢东南大学的徐步政、孙惠玉编辑。徐步政编辑不仅关心我的个人学术发展,并在著作出版和翻译出版方面给予了很多助益,对于我的拖冗也非常宽容和理解。孙惠玉编辑在各种出版事务方面给了我很多帮助。

鉴于全书翻译的校勘和整理工作由我负责,整本书在翻译方面的错误和不足也由我个人承担。